2022

Training MSA · eBBR

Berlin · Brandenburg

Mathematik

LÖSUNGEN

STARK

Bildnachweis

S. 72: © Sergey Peterman/Dreamstime.com

17. ergänzte Auflage
www.stark-verlag.de

Inhalt

Training Grundwissen

Original-Abschlussprüfung

Wegen des Corona-Virus fand die Prüfung zum MSA in Berlin im Jahr 2021 nicht statt. Die Lösungen zu den Original-Prüfungsaufgaben 2021, die in Brandenburg gestellt wurden, kannst du als PDF auf der Plattform MyStark herunterladen (Zugangscode vgl. Umschlaginnenseite), sobald sie zur Veröffentlichung freigegeben sind.

Vorwort

Liebe Schülerin, lieber Schüler,

dies ist das Lösungsheft zu dem Band **Training MSA/eBBR 2022** (Best.-Nr.: 11150ML) mit **interaktivem Prüfungstraining**. Es enthält zu allen Aufgaben von unserem Autorenteam ausgearbeitete Lösungen, die jeden Rechenschritt ausführlich erklären. Dabei wird besonderer Wert auf die Lösungsansätze und Vorüberlegungen gelegt. Zur Veranschaulichung und dem besseren Verständnis der Lösungen helfen dir zahlreiche Skizzen.

Versuche stets, jede Aufgabe zunächst selbstständig zu lösen, und dann deine Lösung mit den Lösungen im Buch zu vergleichen. Nur was du dir selbst erarbeitet hast, bleibt im Gedächtnis und du lernst dazu. Halte dich deswegen konsequent daran, jede Aufgabe zunächst selbst zu rechnen. Hast du eine Aufgabe nicht richtig gelöst, ist es ganz wichtig, diese zu einem späteren Zeitpunkt noch einmal durchzurechnen.

Durch das Üben wirst du dich sicher fühlen und kannst beruhigt in die Prüfung gehen.

Wir wünschen dir viel Erfolg!

Autorinnen und Autor:
Heike Ohrt, Doris Cremer, Dietmar Steiner

Training Grundwissen

1 Wiederholung Grundlagen

1 a) $3x-7$

b) $4x+18$

c) $\frac{x}{2}-6$ oder $0{,}5x-6$

---

2 a) $x\cdot(x+4)$

b) $(x+4)+x+(x+4)+x=4x+8$

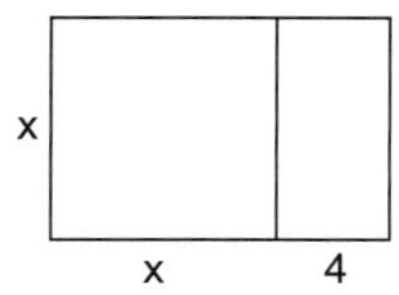

---

3 Ganzer Kreis: $\pi\cdot r^2$

Viertelkreis: $\frac{\pi\cdot r^2}{4}$ oder $\frac{1}{4}\cdot\pi\cdot r^2$

---

4 a) $\frac{3{,}2\cdot 2^2}{0{,}2\cdot 4{,}1}=\frac{12{,}8}{0{,}82}=15{,}609\ldots$ Gerundet auf Hundertstel: 15,61

b) $10+5{,}25-30{,}5=-15{,}25$ Punkt- vor Strichrechnung

---

5 Fläche des rechtwinkligen Dreiecks + Fläche des Rechtecks:

$\frac{a\cdot h}{2}+x\cdot h$

---

6 a) $-27x-42$

b) $43a-14b+39$

c) $0{,}1x-14{,}2$

d) $\frac{4}{12}x-2\frac{3}{12}x+2\frac{1}{4}=\frac{4}{12}x-1\frac{15}{12}x+2\frac{1}{4}$

$=-1\frac{11}{12}x+2\frac{1}{4}$

---

7 a) $a+a+a=3a$

b) $1+x+2x+2+2x+1+2+x=6x+6$

---

8 a) $-13x-4x-6y+4+18x-2y-40+y=x-7y-36$

b) $-4{,}7a+6{,}7b+6{,}7b-4{,}7a=-9{,}4a+13{,}4b$

c) $13x+2{,}5+2{,}4+x-7-14x=-2{,}1$

---

9 a) $16-3a-15+2a=-a+1$

b) $-16-3a+15+2a=-a-1$

c) $16-3a-15-2a=-5a+1$

d) $-16-3a+15+2a=-a-1$

e) $-16+3a-15+2a=5a-31$

f) $-16-3a+15-2a=-5a-1$

Nur b und d sind gleich.

10 $-2x-(7{,}4y+6x)+(4x-13-1{,}6y)-(y-12-3x)$

Rechne bequem! Löse zuerst die Klammern auf, fasse zusammen und setze dann die Werte für x und y ein.

$$\begin{aligned}-2x-7{,}4y-6x+4x-13-1{,}6y-y+12+3x &= -x-10y-1\\ &= -2{,}5-10\cdot(-3{,}5)-1 \qquad |\ x=2{,}5;\quad y=-3{,}5\\ &= -2{,}5+35-1\\ &= 31{,}5\end{aligned}$$

11
a) $52a-65+66a-6a+66=112a+1$
b) $-13+16a-61+13b-55a-45b=-39a-32b-74$
c) $-4a-3b-36a+40b=-40a+37b$
d) $16x^2-25y^2-16x^2+20xy=-25y^2+20xy$

12
a) $-2x-14-3x+18+4x=-x+4$
b) $-2x+49-42x+9x^2-x+6-4x=9x^2-49x+55$
c) $4x^2-28x+49-3x+6+4x=4x^2-27x+55$
d) $-14x+6x^2-(36+48x+16x^2)=-14x+6x^2-36-48x-16x^2=-10x^2-62x-36$

13
a) $4x\cdot(35x-y+5)$
b) $8\cdot(8a-5ab+b)$
c) $(3a+5)\cdot(3a-5)$ (3. binomische Formel)
d) $13a\cdot(0{,}3+0{,}2b-0{,}4a)$ **oder** $1{,}3a\cdot(3+2b-4a)$
e) $6xy\cdot(12xy-2x+y-6)$

14
a) $22xy+33x^2=\mathbf{11x}(2y+3x)$
b) $9a^2+48a+64=(\mathbf{3a}+\mathbf{8})^2$
c) $25-75a=\mathbf{25}(1-\mathbf{3a})$
d) $16x^2-y^2=(\mathbf{4x}-\mathbf{y})(\mathbf{4x}+\mathbf{y})$
e) $24x^2-6xy+60x=6x(\mathbf{4x}-\mathbf{y}+\mathbf{10})$
f) $81x^2-\mathbf{36x}+\mathbf{4}=(\mathbf{9x}-2)^2$

15
a) HN: $24x^2$

$$\frac{6x(1-3x^2)}{24x^2}-\frac{12(x^2-6)}{24x^2}+\frac{3x^2(7+6x)}{24x^2}-\frac{8\cdot 9}{24x^2}$$
$$=\frac{6x-18x^3-12x^2+72+21x^2+18x^3-72}{24x^2}$$
$$=\frac{9x^2+6x}{24x^2}=\frac{3x(3x+2)}{3\cdot 8\cdot x^2}=\frac{3x+2}{8x}$$

b) HN: $36a^4$

$$\frac{9(1-a^2)a}{36a^4}-\frac{a^3(9-2a)}{36a^4}+\frac{4a^2(3+a^2)}{36a^4}-\frac{3a(4a+3)}{36a^4}$$
$$=\frac{9a-9a^3-9a^3+2a^4+12a^2+4a^4-12a^2-9a}{36a^4}$$
$$=\frac{6a^4-18a^3}{36a^4}=\frac{6a^3(a-3)}{6\cdot 6\cdot a^3\cdot a}=\frac{a-3}{6a}$$

---

16 a) $\frac{a(a+1)}{a(a-1)} = \frac{a+1}{a-1}$

b) $\frac{3(6a+b)}{3(5a+b)} = \frac{6a+b}{5a+b}$

c) $\frac{5(3x-5y)}{8(3x-5y)} = \frac{5}{8}$

d) $\frac{a(a-b)}{a \cdot a} = \frac{a-b}{a}$

e) $\frac{a^2(2a+1)}{a^2(3a-4a^2)} = \frac{2a+1}{3a-4a^2}$

f) $\frac{2(a+2b-3c)}{3(a+2b-3c)} = \frac{2}{3}$

---

17 a) $\frac{3x^2 \cdot y \cdot 4 \cdot a \cdot b}{2 \cdot a \cdot b^2 \cdot 5 \cdot x \cdot y} = \frac{12x}{10b} = \frac{6x}{5b}$

b) $-\frac{18 \cdot a^3 \cdot b \cdot 121 \cdot a}{11 \cdot c^2 \cdot 54 \cdot b} = -\frac{11a^4}{3c^2}$

c) $+\frac{2 \cdot x \cdot 6 \cdot y \cdot z}{3 \cdot y \cdot 5 \cdot x} = \frac{4z}{5} = \frac{4}{5}z$

d) $\frac{15a}{8b} \cdot \frac{10b}{9a^2} = \frac{15a \cdot 10b}{8b \cdot 9a^2} = \frac{5 \cdot 5}{4 \cdot 3a} = \frac{25}{12a}$

e) $\frac{18x^2}{5y} \cdot \frac{20y^2}{27x} = \frac{18x^2 \cdot 20y^2}{5y \cdot 27x} = \frac{2x \cdot 4y}{3} = \frac{8xy}{3}$

---

18 $\frac{(5x+3)^2}{5x(5x+6)} \cdot \frac{2x+x}{6x} = \frac{25x^2+30x+9}{25x^2+30x} \cdot \frac{3x}{6x}$

ist korrekt. Dann folgt der Fehler, aus einer Summe darf man nicht kürzen!
Die richtige Lösung lautet:

$\frac{(25x^2+30x+9)}{(25x^2+30x)} \cdot \frac{1}{2} = \frac{25x^2+30x+9}{(25x^2+30x) \cdot 2} = \frac{25x^2+30x+9}{50x^2+60x}$

---

19 a)
$$\begin{aligned} -12y+90 &= 10y-196 && |-10y \\ -22y+90 &= -196 && |-90 \\ -22y &= -286 && |:(-22) \\ y &= 13 \end{aligned}$$

b)
$$\begin{aligned} 4-8x-18 &= -13x+10x-4 \\ -8x-14 &= -3x-4 && |+14 \\ -8x &= -3x+10 && |+3x \\ -5x &= 10 && |:(-5) \\ x &= -2 \end{aligned}$$

c)
$$\begin{aligned} \frac{9}{16}x &= \frac{45}{32} && \left|:\frac{9}{16} \text{ oder } \cdot\frac{16}{9}\right. \\ x &= \frac{45 \cdot 16}{32 \cdot 9} \\ x &= \frac{5}{2} \end{aligned}$$

d)
$$\begin{aligned} 10x+15-72+12x &= 44x+77+86 \\ 22x-57 &= 44x+163 && |+57 \\ 22x &= 44x+220 && |-44x \\ -22x &= 220 && |:(-22) \\ x &= -10 \end{aligned}$$

e)
$$\begin{aligned} 3-x-3x+x^2 &= x^2-1 && |-x^2 \\ 3-4x &= -1 && |-3 \\ -4x &= -4 && |:(-4) \\ x &= 1 \end{aligned}$$

20
$$\begin{aligned} 58-3\cdot(5x-6) &= 40-(7x+20) && \text{Klammern auflösen} \\ 58-15x+18 &= 40-7x-20 && \text{Zusammenfassen} \\ 76-15x &= 20-7x && |+7x-76 \\ -8x &= -56 && |:(-8) \\ x &= 7 \end{aligned}$$

☐ $x=-7$ ☐ $x=4$ ☐ $x=-2{,}5$ ☒ $x=7$ ☐ $x=2{,}5$

21 Max sollte die Gleichung lösen.

$$\begin{aligned} (x+3)^2-3(4x+2) &= x^2-(6x-4) && |\text{ Klammern auflösen} \\ x^2+6x+9-12x-6 &= x^2-6x+4 && |-x^2 \\ -6x+3 &= -6x+4 && |+6x \\ 3 &\neq 4 \end{aligned}$$

Es gibt keine Zahl, die diese Gleichung erfüllt.

---

22 Zerlegen der Fläche in zwei rechteckige Teilflächen:

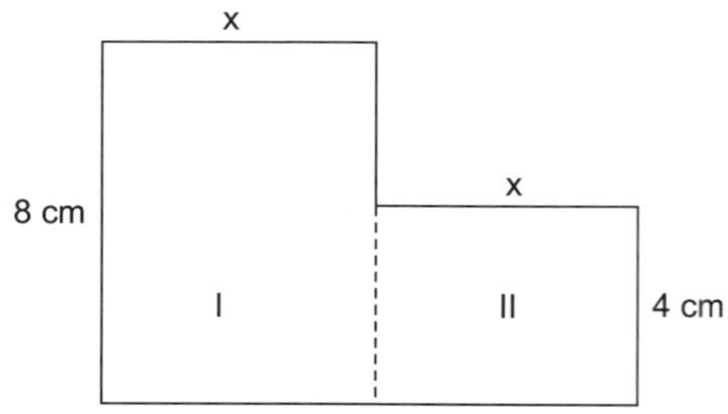

$A = A_I + A_{II}$

$A = 60\ cm^2$
$A_I = 8\ cm \cdot x$
$A_{II} = 4\ cm \cdot x$
} In die obige Gleichung einsetzen:

$$\begin{aligned} 60 &= 8\cdot x+4\cdot x && \text{Zusammenfassen} \\ 60 &= (8+4)\cdot x \\ 60 &= 12\cdot x && |:12 \\ 5 &= x \end{aligned}$$

Die Seite x ist 5 cm lang.

---

23 a)

$$\begin{aligned} 14+12x &> 10x+36 && |-14 \\ 12x &> 10x+22 && |-10x \\ 2x &> 22 && |:2 \\ x &> 11 \end{aligned}$$

b)

$$\begin{aligned} 3-9x-18 &> -13x+10x+9 \\ -9x-15 &> -3x+9 && |+15 \\ -9x &> -3x+24 && |+3x \\ -6x &> 24 && |:(-6) \\ x &< -4 \end{aligned}$$

c)

$$\begin{aligned} 2,2x-0,2x+0,8+9,2-3x-13,5 &< 0 \\ -x-3,5 &< 0 && |+3,5 \\ -x &< 3,5 && |:(-1) \\ x &> -3,5 \end{aligned}$$

d)

$$\begin{aligned} 9x^2+30x+25 &\le 54x+9x^2-3 && |-9x^2 \\ 30x+25 &\le 54x-3 && |-30x \quad |+3 \\ 28 &\le 24x && |:24 \\ \frac{28}{24} &\le x \\ \frac{7}{6} &\le x \end{aligned}$$

24

$$\begin{aligned} 18x-36+4x^2-8x-x+2 &< 4x^2+4x+1-30 && |-4x^2 \\ 9x-34 &< 4x-29 && |-4x+34 \\ 5x &< 5 && |:5 \\ x &< 1 \end{aligned}$$

Das bedeutet, dass alle Zahlen, die kleiner als 1 sind, die Ungleichung erfüllen:

☐ x = 5 ☐ x = 2 ☒ x = 0 ☒ x = –5

---

25 Gesuchte Zahlen: Kleinste Zahl: x
Auf x folgende Zahl: x + 1
Auf (x + 1) folgende Zahl: x + 1 + 1

Gleichung:

$$\begin{aligned} 99+x+(x+1)+(x+1+1) &= 57 \\ 3x+102 &= 57 && |-102 \\ 3x &= -45 && |:3 \\ x &= -15 \end{aligned}$$

Probe am Text:
Die drei Zahlen sind –15, –14 und –13, die Summe ist –42, –42 addiert mit 99 ergibt 57.

Antwort:
Die Zahlen heißen –15, –14 und –13.

---

26 Gesuchte Zahl: x

Gleichung:

$$4x - 22 = 5x + 4 \quad |-4-4x$$
$$-26 = x$$

Probe am Text:
4-mal (–26) ergibt –104, um 22 vermindert ergibt –126.
5-mal (–26) ergibt –130, um 4 vermehrt ergibt –126.

Antwort:
Die unbekannte Zahl heißt –26.

---

27 Preis für eine Maus: x

Gleichung:

$$12x + 3{,}95 + 87{,}45 = 350$$
$$12x + 91{,}4 = 350 \quad |-91{,}4$$
$$12x = 258{,}6 \quad |:12$$
$$x = 21{,}55$$

Probe am Text:
12 Mäuse kosten 21,55 € · 12 = 258,60 €, plus 3,95 € Porto plus 87,45 € Rest ergeben 350 €.
Antwort:
Eine Maus kostete 21,55 €.

---

28 a) Preis einer Nelke: x
Preis einer Tulpe: 2x (kostet doppelt so viel wie eine Nelke)
Preis einer Rose: 3x (kostet dreimal so viel wie eine Nelke)

10 Rosen + 5 Tulpen + 5 Nelken kosten 27 €.

Gleichung: $10 \cdot 3x + 5 \cdot 2x + 5 \cdot x = 27$

b) Preis einer Rose: x

Preis einer Nelke: $\frac{1}{3}x$ (eine Nelke kostet ein Drittel einer Rose)

Preis einer Tulpe: $\frac{1}{3}x \cdot 2$ (eine Tulpe kostet doppelt so viel wie eine Nelke)

10 Rosen + 5 Tulpen + 5 Nelken kosten 27 €.

Gleichung: $10 \cdot x + 5 \cdot \frac{2}{3}x + 5 \cdot \frac{1}{3}x = 27$

c) Lösen der Gleichung aus Teilaufgabe b:

$$10x + \frac{10}{3}x + \frac{5}{3}x = 27 \quad |\cdot 3 \text{ Brüche beseitigen}$$
$$30x + 10x + 5x = 81 \quad |\text{Zusammenfassen}$$
$$45x = 81 \quad |:45$$
$$x = 1{,}8$$

oder

Lösen der Gleichung aus Teilaufgabe a:

$$30x + 10x + 5x = 27$$
$$45x = 27 \quad |:45$$
$$x = 0{,}6$$

Eine Nelke kostet 0,60 €, eine Rose 3-mal so viel, also 1,80 €.

Probe am Text:
Eine Rose kostet 1,80 €, 10 Rosen 18 €. Eine Nelke kostet ein Drittel einer Rose, also 0,60 €, 5 Nelken kosten dann 3 €. Eine Tulpe kostet doppelt so viel wie eine Nelke, also 1,20 €, 5 Tulpen kosten dann 6 €.
18 € + 6 € + 3 € = 27 €

Antwort:
Eine Rose kostet 1,80 €.

---

29 Fläche des Grundstückes: x

Gleichung: $\frac{1}{3}x + \frac{3}{8}x + 262{,}5 = x$

↗ Anteil für Familie A; ↑ Anteil für Familie B; ↖ Anteil für Familie C

Gleichung lösen:

$$\frac{1}{3}x + \frac{3}{8}x + 262{,}5 = x \quad |\cdot 24 \quad \text{Hauptnenner: 24 (Brüche beseitigen)}$$
$$8x + 9x + 6\,300 = 24x$$
$$17x + 6\,300 = 24x \quad |-17x$$
$$6\,300 = 7x \quad |:7$$
$$x = 900$$

Probe am Text:
Ein Drittel von 900 m^2 sind 300 m^2 (Familie A), ein Achtel von 900 m^2 sind 112,5 m^2, also sind drei Achtel 337,5 m^2 (Familie B), 300 m^2 + 337,5 m^2 + 262,5 m^2 ergibt 900 m^2.

Antwort:
Das Grundstück ist 900 m^2 groß.

---

30 Anzahl der CDs von Alexander: x
Anzahl der CDs von Verena: x − 3
Anzahl der CDs von Kevin: 3(x − 3)
Gesamtzahl der CDs: 88

Gleichung:

$$x + x - 3 + 3(x-3) = 88 \quad |\text{ Klammer auflösen}$$
$$x + x - 3 + 3x - 9 = 88 \quad |\text{ Zusammenfassen}$$
$$5x - 12 = 88 \quad |+12$$
$$5x = 100 \quad |:5$$
$$x = 20$$

Alexander besitzt 20 CDs, Verena 3 weniger, also 17 und Kevin dreimal soviele wie Verena.

Antwort:
Kevin besitzt 51 CDs.

oder

Anzahl der CDs von Kevin: x
Anzahl der CDs von Verena: $\frac{1}{3}x$
Anzahl der CDs von Alexander: $\frac{1}{3}x + 3$
Gesamtzahl der CDs: 88

Gleichung:

$$x + \frac{1}{3}x + \frac{1}{3}x + 3 = 88 \quad |\text{ Zusammenfassen}$$
$$1\frac{2}{3}x + 3 = 88 \quad |-3$$
$$\frac{5}{3}x = 85 \quad |\cdot\frac{3}{5}$$
$$x = 51$$

---

31 84 € − 6 € = 78 €

Sind die Zahlenpaare quotientengleich?

$$\frac{78}{100} \stackrel{?}{=} \frac{1}{1{,}31}$$
$$0{,}78 \neq 0{,}76$$

Es kann nicht stimmen. Frau Kuhlmann hat zu viel bezahlt.

oder

$	x	1,31
€	78	1

$$\frac{x}{78} = \frac{1{,}31}{1} \quad |\cdot 78$$
$$x = 1{,}31 \cdot 78$$
$$x = 102{,}18$$

Für 78 € hätte sie 102,18 $ erhalten müssen.

oder

$	x	100
€	1	78

$$\frac{x}{1} = \frac{100}{78}$$
$$x \approx 1{,}28$$

Der Wechselkurs entspricht nicht der Angabe 1,31.

32 Bei den Gefäßen b und e steigt der Wasserstand proportional zur Füllmenge.
Begründung:
Wenn man 100 *mℓ* einfüllt, hat man eine bestimmte Wasserhöhe erreicht. Wenn man 200 *mℓ* einfüllt, verdoppelt sich auch die Wasserhöhe. Zum Doppelten, Dreifachen, … der Wassermenge gehört das Doppelte, Dreifache, … der Höhe.
oder
Die Gefäße b und e sind Prismen. Die Volumenformel für Prismen lautet:
$V = G \cdot h$
Vervielfacht sich die Höhe, dann vervielfacht sich auch das Volumen.
$V \cdot \mathbf{k} = G \cdot h \cdot \mathbf{k}$
oder
Nur der Graph von b und e der Zuordnung Füllmenge – Wasserstand ist eine Gerade.

---

33 Es handelt sich um eine antiproportionale Zuordnung, da sich mit der Vergrößerung des Zeilenabstandes die Anzahl der Zeilen verringert.

Zeilen	x	56
Zeilenabstand	1,4	1

Produktgleichung: $x \cdot 1{,}4 = 56 \cdot 1 \quad |:1{,}4$

$$x = \frac{56}{1{,}4}$$

$$x = 40$$

Es passen dann 40 Zeilen auf eine DIN A4-Seite.

---

34 a) Fahrt von Magdeburg nach Dessau:
Diese Zuordnung ist proportional, da die benötigte Zeit mit der Fahrstrecke gleichmäßig wächst (doppelte Fahrstrecke, doppelte Zeit).

min	x	60
km	84	12

Quotientengleichung: $\frac{x}{84} = \frac{60}{12} \quad |\cdot 84$

$$x = \frac{60 \cdot 84}{12}$$

$$x = 420$$

Die Fahrt von Magdeburg nach Dessau dauert 420 Minuten (7 Stunden) und das Schiff wird Dessau um 14:00 Uhr erreichen.

b) Fahrt von Dessau nach Magdeburg:
Da die Fahrstrecke gleich bleibt, wird die Fahrtzeit umso kürzer, je höher die Geschwindigkeit ist (doppelte Geschwindigkeit, halbe Zeit). Diese Zuordnung ist antiproportional.

Geschwindigkeit in $\frac{km}{h}$	x	12
Fahrzeit in h	5,25	7

Produktgleichung: $x \cdot 5{,}25 = 12 \cdot 7 \quad |:5{,}25$

$$x = \frac{12 \cdot 7}{5{,}25}$$

$$x = 16$$

Das Lastschiff fährt von Dessau nach Magdeburg mit einer Durchschnittsgeschwindigkeit von $16\,\frac{km}{h}$.

35 a) Die Zuordnung ist antiproportional, denn je größer die Füllmenge ist, desto weniger Flaschen werden benötigt (doppelte Füllmenge, halb so viele Flaschen).

Flaschen	x	3 600
Füllmenge in ℓ	0,75	0,7

Produktgleichung: $x \cdot 0,75 = 3\,600 \cdot 0,7 \quad |:0,75$

$$x = \frac{3\,600 \cdot 0,7}{0,75}$$

$$x = 3\,360$$

Es werden nur noch 3 360 Flaschen benötigt.

b) Diese Zuordnung ist proportional, denn je mehr Wein in der Flasche ist, desto höher wird der Preis (doppelte Menge, doppelter Preis).

Preis in €	x	4,9
Füllmenge in ℓ	0,75	0,7

Quotientengleichung: $\frac{x}{0,75} = \frac{4,9}{0,7} \quad |\cdot 0,75$

$$x = \frac{4,9 \cdot 0,75}{0,7}$$

$$x = 5,25$$

$5,25 - 4,9 = 0,35$

Der Winzer darf 0,35 € mehr verlangen.

---

36 Eine Stunde sind 60 Minuten, die Laufzeit von 1:29:30 Stunden entspricht 89,5 Minuten (60 + 29 + 0,5 = 89,5).
Die Zuordnung ist proportional, da sich mit der Laufstrecke auch die Laufzeit erhöht.

km	x	42,195
min	60	89,5

Quotientengleichung: $\frac{x}{60} = \frac{42{,}195}{89,5} \quad |\cdot 60$

$$x = \frac{42{,}195 \cdot 60}{89,5}$$

$$x \approx 28,287$$

Die Durchschnittsgeschwindigkeit betrug ungefähr $28\,\frac{km}{h}$.

☐ $30\frac{km}{h}$ ☒ $28\frac{km}{h}$ ☐ $26\frac{km}{h}$

---

37 a) 25 % entsprechen $\frac{1}{4}$, dann sind 100 % 4-mal soviel, also $30 \cdot 4 = 120$.

oder

$$\frac{G}{100} = \frac{30}{25}$$

$$G = \frac{30 \cdot 100}{25}$$

$$G = 120$$

oder

$$25\,\% \mathrel{\hat{=}} 30$$

$$:25\ (\quad 1\,\% \mathrel{\hat{=}} \frac{30}{25} \quad):25$$

$$\cdot 100\ (\quad 100\,\% \mathrel{\hat{=}} \frac{30 \cdot 100}{25} = 120 \quad)\cdot 100$$

Es sind 120 Bücher im Bestand.

b) 10 % ≙ 16 kg
100 % ≙ 160 kg
25 % ≙ 40 kg

oder

100 % ≙ 160 kg

$$\frac{160}{100} = \frac{W}{25} \quad |\cdot 25$$

$$\frac{160 \cdot 25}{100} = W$$

$$W = 40$$

25 % wiegen 40 kg.

c) $\frac{120}{100} = \frac{W}{15} \quad |\cdot 15$

$\frac{120 \cdot 15}{100} = W$

$W = 18$

oder

$100\,\% \triangleq 120$

$:100 \big(\quad 1\,\% \triangleq \frac{120}{100} \quad \big):100$

$\cdot 15 \big(\quad 15\,\% \triangleq \frac{120 \cdot 15}{100} = 18 \quad \big)\cdot 15$

Es sind 18 Krimis.

d) $\frac{2\,000}{100} = \frac{20}{p} \quad |\cdot 100 \quad |\cdot p$

$2\,000 \cdot p = 20 \cdot 100 \quad |:2\,000$

$p = \frac{20 \cdot 100}{2\,000}$

$p = 1$

20 Seiten entsprechen 1 %.

---

38 Sven irrt sich, denn jeder Sechste ist einer von sechs Schülern, d. h. $1:6 = 0{,}1666\ldots$ oder $\approx 16{,}67\,\%$.
6 % bedeutet aber 6 Schüler von 100 Schülern.
Sven wird statt 6 % nun 16,67 % der Karten als Freikarten ausgeben.

---

39 Preisunterschied:
$79{,}90\,€ - 57{,}95\,€ = 21{,}95\,€$
Preisminderung in Prozent:

$\frac{79{,}90}{100} = \frac{21{,}95}{p} \quad |\cdot p \quad |\cdot 100$

$79{,}90 \cdot p = 21{,}95 \cdot 100 \quad |:79{,}90$

$p = \frac{21{,}95 \cdot 100}{79{,}90}$

$p \approx 27{,}47$

oder

$\frac{79{,}90}{100} = \frac{57{,}95}{p} \quad |\cdot p \quad |\cdot 100$

$79{,}90 \cdot p = 57{,}95 \cdot 100 \quad |:79{,}90$

$p = \frac{57{,}95 \cdot 100}{79{,}90}$

$p \approx 72{,}53$

$100\,\% - 72{,}53\,\% = 27{,}47\,\%$

Nein, der Preis der Jacke wurde nicht um 30 % reduziert, sondern nur um rund 27,47 %.

---

40 $\frac{1}{3}$ von 150: 50 €
Restbetrag: 100 €
50 % von 100 €: 50 €

Monika steckt 50 € in das Sparschwein.

☐ 25 € ☒ 50 € ☐ 75 € ☐ 100 € ☐ 125 €

---

41 $\frac{1\,300}{100} = \frac{W}{2} \quad |\cdot 2$

$\frac{1\,300 \cdot 2}{100} = W$

$W = 26$

oder

$100\,\% \triangleq 1\,300\,€$

$:100 \big(\quad 1\,\% \triangleq \frac{1\,300}{100}\,€ \quad \big):100$

$\cdot 2 \big(\quad 2\,\% \triangleq \frac{1\,300 \cdot 2}{100}\,€ = 26\,€ \quad \big)\cdot 2$

2 % entsprechen 26 €.

☐ 650 € ☐ 1 298 € ☒ 26 € ☐ 260 € ☐ 1 950 €

42 a) $100\,\% - 82\,\% = 18\,\%$

$$\frac{2\,700}{100} = \frac{W}{18} \quad |\cdot 18$$

$$\frac{2\,700 \cdot 18}{100} = W$$

$$W = 486$$

Die Aussage, dass die Ware bis zu 82 % reduziert wurde, stimmt, denn der Teppich kostet 490 €.

oder

$$\frac{2\,700}{100} = \frac{490}{p} \quad |\cdot p \;\; |\cdot 100$$

$$2\,700 \cdot p = 490 \cdot 100 \quad |:2\,700$$

$$p = \frac{490 \cdot 100}{2\,700}$$

$$p \approx 18{,}15$$

$100\,\% - 18{,}15\,\% = 81{,}85\,\%$

Der Teppich wurde um 81,85 % reduziert. Die Aussage stimmt.

b) $100\,\% - 82\,\% = 18\,\%$

$$\frac{G}{100} = \frac{360}{18} \quad |\cdot 100$$

$$G = \frac{360 \cdot 100}{18}$$

$$G = 2\,000$$

Der Teppich kostete 2 000 €.

oder

$$18\,\% \mathrel{\hat{=}} 360\text{ €}$$

$:18$ ( ) $:18$

$$1\,\% \mathrel{\hat{=}} \frac{360}{18}\text{ €}$$

$\cdot 100$ ( ) $\cdot 100$

$$100\,\% \mathrel{\hat{=}} \frac{360 \cdot 100}{18}\text{ €} = 2\,000\text{ €}$$

43

$$\frac{360}{100} = \frac{72}{p} \quad |\cdot p \;\; |\cdot 100$$

$$360 \cdot p = 72 \cdot 100 \quad |:360$$

$$p = \frac{72 \cdot 100}{360}$$

$$p = 20$$

Es sind 20 % der Kreisfläche grau.

oder

$$360° \mathrel{\hat{=}} 100\,\%$$

$:360$ ( ) $:360$

$$1° \mathrel{\hat{=}} \frac{100}{360}\,\%$$

$\cdot 72$ ( ) $\cdot 72$

$$72° \mathrel{\hat{=}} \frac{100 \cdot 72}{360}\,\% = 20\,\%$$

---

44 a) Jedes vierte Los sind 25 % aller Lose. Bei 70 % Nieten gewinnen aber 30 % der Lose. Die Aussage stimmt bedingt, da noch mehr Lose als nur jedes vierte gewinnen.

b) 840 Lose von 3 000 Losen:

$$\frac{3\,000}{100} = \frac{840}{p} \quad |\cdot p \;\; |\cdot 100$$

$$3\,000 \cdot p = 840 \cdot 100 \quad |:3\,000$$

$$p = 28$$

840 Lose entsprechen 28 %.

$100\,\% - 70\,\% - 28\,\% = 2\,\%$ — 2 % aller Lose sind Hauptgewinne.

2 % von 3 000 sind 60 — 60 Lose sind Hauptgewinne.

$60 \cdot 5{,}00\text{ €} = 300\text{ €}$ — 300 € werden für Hauptgewinne ausgegeben.

Einnahmen:
$3\,000 \cdot 0{,}50\text{ €} = 1\,500\text{ €}$

Ausgaben:
Kleingewinne: $840 \cdot 0{,}30\text{ €} = 252\text{ €}$
Hauptgewinne: $60 \cdot 5{,}00\text{ €} = 300\text{ €}$

Einnahmen – Ausgaben:
$1\,500\text{ €} - 552\text{ €} = 948\text{ €}$

Es können 948,00 € für die Organisation „Kinder in Not“ gespendet werden.

45 Gegeben: $p\,\% = 5\,\%$
$Z = 36\,000$ €

Gesucht: K

$$\frac{K}{100} = \frac{36\,000\text{ €}}{5} \quad |\cdot 100$$

$$K = \frac{36\,000\text{ €} \cdot 100}{5}$$

$$K = 720\,000\text{ €}$$

oder

$$5\,\% \mathrel{\hat{=}} 36\,000\text{ €}$$

$$:5 \quad 1\,\% \mathrel{\hat{=}} \frac{36\,000}{5}\text{ €} \quad :5$$

$$\cdot 100 \quad 100\,\% \mathrel{\hat{=}} \frac{36\,000 \cdot 100}{5}\text{ €} \quad \cdot 100$$

$$= 720\,000\text{ €}$$

Sein Lottogewinn müsste 720 000 € betragen.

---

46 Gegeben: $K = 250$ €
$Z = 15$ €
$m = 3$ Monate

Gesucht: p

$$Z = \frac{K \cdot p \cdot m}{100 \cdot 12}$$

$$15\text{ €} = \frac{250\text{ €} \cdot p \cdot 3}{100 \cdot 12} \quad \left|\cdot \frac{100 \cdot 12}{250\text{ €} \cdot 3}\right.$$

$$p = \frac{15\text{ €} \cdot 100 \cdot 12}{250\text{ €} \cdot 3}$$

$$p = 24$$

oder

Zinsen für 3 Monate: 15 €
Zinsen für 1 Jahr: $15\text{ €} \cdot 4 = 60$ €

$$\frac{K}{100} = \frac{Z}{p}$$

$$\frac{250\text{ €}}{100} = \frac{60\text{ €}}{p} \quad \left|\begin{array}{l}\cdot p\\ \cdot 100\end{array}\right.$$

$$250\text{ €} \cdot p = 60\text{ €} \cdot 100 \quad |:250\text{ €}$$

$$p = \frac{60\text{ €} \cdot 100}{250\text{ €}}$$

$$p = 24$$

Der Zinssatz betrug 24 %. Marc hat recht, das sind Wucherzinsen.

---

47 a)

Jahr	Startkapital in €	Einzahlung in €	Zinsen in €	Guthaben in €
1	0	3 000	120	3 120
2	3 120	3 000	244,80	6 364,80
3	6 364,80	3 000	374,59	9 739,39
4	9 739,39	3 000	509,58	13 248,97

Am Ende des 4. Jahres beträgt das Guthaben 13 248,97 €.

b) $\text{Rest} = \text{Guthaben} - 2 \cdot \text{Preis}_{\text{Erwachsene}} - 1 \cdot \text{Preis}_{\text{Kind}}$

$$\text{Rest} = 13\,248{,}97\text{ €} - 2 \cdot 4\,800\text{ €} - \frac{4\,800\text{ €} \cdot 70}{100}$$

$$\text{Rest} = 13\,248{,}97\text{ €} - 9\,600\text{ €} - 3\,360\text{ €}$$

$$\text{Rest} = 288{,}97\text{ €}$$

In der Reisekasse verbleiben noch 288,97 €.

48 André: fester Zinssatz $p\,\% = 4{,}25\,\%$

Jahr	Startkapital in €	Zinssatz in %	Zinsen in €	Guthaben in €
1	2 300	4,25	97,75	2 397,75
2	2 397,75	4,25	101,90	2 499,65
3	2 499,65	4,25	106,24	2 605,89
4	2 605,89	4,25	110,75	2 716,64
5	2 716,64	4,25	115,46	2 832,10

Andrea: variabler Zinssatz

Jahr	Startkapital in €	Zinssatz in %	Zinsen in €	Guthaben in €
1	2 300	3,25	74,75	2 374,75
2	2 374,75	3,70	87,87	2 462,62
3	2 462,62	4,25	104,66	2 567,28
4	2 567,28	4,50	115,53	2 682,81
5	2 682,81	5,00	134,14	2 816,95

André hat sein Geld besser angelegt. Sein Guthaben beträgt nach 5 Jahren um 15,15 € mehr als das von Andrea.
Führt man die Tabellenrechnung für das Guthaben von André weiter, so ergibt sich:
Nach 17 Jahren hat sich das Startkapital von André verdoppelt; sein Guthaben beträgt dann 4 666,82 €.

49

$$Z_t = \frac{K \cdot p \cdot t}{100 \cdot 360} \quad |:K$$

$$\frac{Z_t}{K} = \frac{p \cdot t}{100 \cdot 360} \quad |\cdot 100 \cdot 360$$

$$\frac{Z_t \cdot 100 \cdot 360}{K} = p \cdot t \quad |:p$$

$$\frac{Z_t \cdot 100 \cdot 360}{K \cdot p} = t$$

$$t = \frac{Z_t \cdot 100 \cdot 360}{K \cdot p}$$

50

a) 1 230 mm

b) 850 m

c) 100,3 cm = 10,03 dm = 1,003 m

d) 60 a = 6 000 m^2

e) 35 dm^2 = 0,35 m^2

f) 4 dm^2 = 400 cm^2

g) 5 dm^3 = 5 000 cm^3

h) 1 150 cm^3

i) 2 500 dm^3

j) 30 g

k) 42,4 t

ℓ) 52 300 mg

m) 480 s + 30 s = 8,5 min

n) $60\text{ min} \cdot \frac{2}{3} = 40\text{ min}$

o) $\frac{3}{4}\text{ h} = 0{,}75\text{ h}$

p) $180 : 3{,}6\,\frac{\text{m}}{\text{s}} = 50\,\frac{\text{m}}{\text{s}}$

q) $36 \cdot 3{,}6\,\frac{\text{km}}{\text{h}} = 129{,}6\,\frac{\text{km}}{\text{h}}$

r) $4\,800\,\frac{\text{m}}{\text{min}} = 4\,800 \cdot 60\,\frac{\text{m}}{\text{h}} = \frac{4\,800 \cdot 60}{1\,000}\,\frac{\text{km}}{\text{h}} = 288\,\frac{\text{km}}{\text{h}}$

51 a)

	4 500 g
+	1 020 g
+	450 g
+	1 g
	5 971 g

b)

	400 m^2
+	1 000 m^2
+	6 600 m^2
+	6 400 m^2
	14 400 m^2

c)

	60 m
+	500 m
+	550 m
+	9 m
+	5 m
	1124 m

---

52 a) $\frac{3}{4}$ h = 45 min; 50 min; 2 000 s = $33\frac{1}{3}$ min; 0,9 h = 54 min

Reihenfolge: 2 000 s → $\frac{3}{4}$ h → 50 min → 0,9 h

b) 6 kg = 6 000 g; 6 610 g 0,6 t = 600 kg = 600 000 g 60 000 mg = 60 g

Reihenfolge: 60 000 mg → 6 kg → 6 610 g → 0,6 t

c) 200 dm^3 = 200 ℓ; 1 m^3 = 1 000 ℓ; 300 ℓ; 4 hℓ = 400 ℓ; 4 000 cm^3 = 4 ℓ

Reihenfolge: 4 000 cm^3 → 200 dm^3 → 300 ℓ → 4 hℓ → 1 m^3

---

53 $0{,}000002\,\frac{m}{s} = 0{,}000002 \cdot 60\,\frac{m}{min} = 0{,}000002 \cdot 60 \cdot 60\,\frac{m}{h} = 0{,}000002 \cdot 60 \cdot 60 \cdot 24\,\frac{m}{d} = 0{,}1728\,\frac{m}{d}$

Nein, sie schafft an einem Tag nur 17,28 cm.

---

54 a) Gegeben: u = 54 cm

Formel: u = 4a

Einsetzen: $54 = 4a \quad |:4$

$a = 13{,}5$

$A = a^2$

$A = 13{,}5^2$

$A = 182{,}25$

Die Aussage stimmt nicht, denn bei einem Umfang von 54 cm hat das Quadrat eine Fläche von 182,25 cm^2.

oder

$A = 196\ cm^2$

$A = a^2$

$196 = a^2 \quad |\sqrt{\ }$

$a = 14$

$u = 4 \cdot a$

$u = 4 \cdot 14$

$u = 56$

Die Aussage stimmt nicht, denn bei einer Fläche von 196 cm^2 hat das Quadrat einen Umfang von 56 cm.

b) Gegeben: $g_1 = 11$ cm; $h_1 = 6$ cm

$g_2 = 22$ cm; $h_2 = 12$ cm

Formel: $A = \frac{1}{2} g \cdot h$

Einsetzen: $A_1 = \frac{1}{2} 11 \cdot 6$

$A_1 = 33$

$A_2 = \frac{1}{2} 22 \cdot 12$

$A_2 = 132$

$\frac{132}{33} = 4$

Die Aussage stimmt, denn der Flächeninhalt vervierfacht sich.

c) allgemein: $A = a \cdot b$

halbierte Seiten:

$$A = \frac{1}{2}a \cdot \frac{1}{2}b$$

$$A = \frac{1}{4}a \cdot b$$

oder

Gegenbeispiel:

$a_1 = 4$ cm $a_2 = 2$ cm

$b_1 = 6$ cm $b_2 = 3$ cm

$A_1 = a_1 \cdot b_1$ $A_2 = a_2 \cdot b_2$

$A_1 = 4 \cdot 6$ $A_2 = 2 \cdot 3$

$A_1 = 24$ $A_2 = 6$

$$\frac{A_2}{A_1} = \frac{6}{24} = \frac{1}{4}$$

Die Aussage stimmt nicht, da sich der Flächeninhalt viertelt und nicht halbiert.

d) allgemein:

$u = 2(a + b)$

halbierte Seiten:

$$u = 2\left(\frac{1}{2}a + \frac{1}{2}b\right)$$

$u = a + b$

Die Aussage stimmt, da sich der Umfang halbiert.

---

55 Gegeben: $a_R = 3{,}6$ m $a_Q = 45$ cm $= 0{,}45$ m

$b_R = 1{,}35$ m

Gesucht: A_R, A_Q

Formel:

$A_R = a_R \cdot b_R$

$A_R = 3{,}6 \cdot 1{,}35$

$A_R = 4{,}86$

$A_Q = {a_Q}^2$

$A_Q = 0{,}45^2$

$A_Q = 0{,}2025$

$$\frac{A_R}{A_Q} = \frac{4{,}86}{0{,}2025} = 24$$

Auf die Ladefläche des Kleintransporters passen 24 quadratische Kisten.

---

56 trapezförmiges Grundstück | parallelogrammförmiges Grundstück

Gegeben: $a_t = 37$ m $a_p = 28$ m

$c_t = 18$ m $h_p = 26$ m

$h_t = 26$ m

Formel:

$$A = \frac{1}{2}(a_t + c_t) \cdot h_t$$

$$A = \frac{1}{2}(37 + 18) \cdot 26$$

$A = 715$

$A = a_p \cdot h_p$

$A = 28 \cdot 26$

$A = 728$

Da das Nachbargründstück 728 m^2 misst und das trapezförmige nur 715 m^2, wird sich Familie Hüther wahrscheinlich für das Nachbargrundstück entscheiden.

---

57 Die Fläche setzt sich aus den Dreiecksflächen I, III und IV und der Trapezfläche II zusammen.

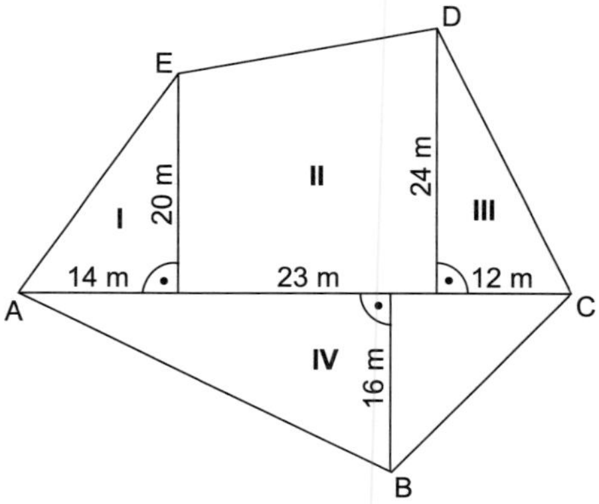

$$A_I = \frac{1}{2} \cdot 14 \cdot 20 = 140$$

$$A_{II} = \frac{1}{2} \cdot (20 + 24) \cdot 23 = 506$$

$$A_{III} = \frac{1}{2} \cdot 12 \cdot 24 = 144$$

$$A_{IV} = \frac{1}{2} \cdot (14 + 23 + 12) \cdot 16 = 392$$

$A = A_I + A_{II} + A_{III} + A_{IV}$

$A = 140 + 506 + 144 + 392 = 1\,182$

Das Grundstück hat einen Flächeninhalt von 1 182 m^2.

58 Rechteck: $A = a \cdot b$
$a = 4\text{ cm};\ b = 8\text{ cm}$
$A = 4 \cdot 8$
$A = 32$

oder

a	b
2	16
8	4
5	6,4

Parallelogramm: $A = a \cdot h$
$a = 4\text{ cm};\ h = 8\text{ cm}$
$A = 4 \cdot 8$
$A = 32$

oder

a	h
32	1
2	16
8	4

Trapez: $A = m \cdot h$
$m = 5\text{ cm};\ h = 6{,}4\text{ cm}$
$A = 5 \cdot 6{,}4$
$A = 32$

oder

m	h
4	8
2	16

oder

$A = \frac{1}{2}(a + c) \cdot h$
$a = 3\text{ cm};\ c = 7\text{ cm};\ h = 6{,}4\text{ cm}$
$A = \frac{1}{2}(3 + 7) \cdot 6{,}4$
$A = 5 \cdot 6{,}4$
$A = 32$

oder

a	c	h
4	6	6,4
3	5	8
8	8	4

Drachen: $A = \frac{1}{2} \cdot e \cdot f$
$e = 4\text{ cm};\ f = 16\text{ cm}$
$A = \frac{1}{2} \cdot 4 \cdot 16$
$A = \frac{1}{2} \cdot 64$
$A = 32$

oder

e	f
8	8
10	6,4
4	16

---

59 Gegeben: $a = 4\text{ cm};\ h = 1{,}5\text{ cm}$
Formel: $A = a \cdot h$
$A = 4 \cdot 1{,}5$
$A = 6$

Formel: $A = \frac{1}{2} \cdot e \cdot f$
$6 = \frac{1}{2} \cdot e \cdot f \quad | \cdot 2$
$12 = e \cdot f$

Beispiele: $e = 1\text{ cm};\quad f = 12\text{ cm}$
$e = 2\text{ cm};\quad f = 6\text{ cm}$
$e = 3\text{ cm};\quad f = 4\text{ cm}$
usw.

60 Maßstab: Maßstab bedeutet das Verhältnis von Bild zu Original.
1 cm im Bild : 20 cm im Original.
3 cm im Bild : 60 cm im Original.

Flächenberechnung:

1. Möglichkeit: flächengleiches Quadrat

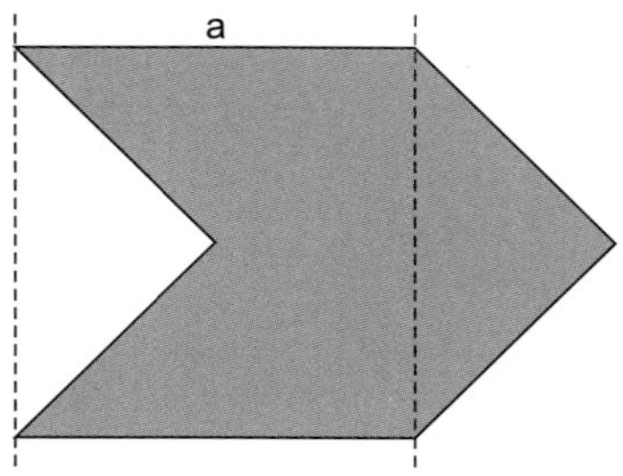

Formel: $A = a^2$
Bild: $a = 3\text{ cm}$
Original: $a = 3\text{ cm} \cdot 20 = 60\text{ cm}$

$A = 60 \cdot 60$
$A = 3\,600$
$3\,600\text{ cm}^2 = 36\text{ dm}^2 = 0{,}36\text{ m}^2$

2. Möglichkeit: Teilung in 2 kongruente Parallelogramme

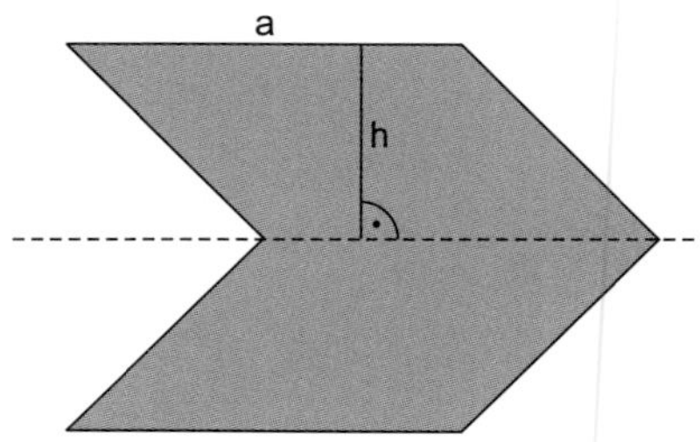

Formel: $A = a \cdot h \cdot 2$
Bild: $a = 3\text{ cm}$
$h = 1{,}5\text{ cm}$
Original: $a = 3 \cdot 20 = 60$
$h = 1{,}5 \cdot 20 = 30$
$A = 60 \cdot 30 \cdot 2$
$A = 3\,600$
$3\,600\text{ cm}^2 = 36\text{ dm}^2 = 0{,}36\text{ m}^2$

Der Flächeninhalt des Pfeils auf der Hinweistafel beträgt 0,36 m².

---

61 a) Gegeben: $d = 1{,}2\text{ m}$; $r = 0{,}6\text{ m}$; $b = 1{,}9\text{ m}$ (Rechteck)
Gesucht: u; A_{Rechteck}
Formel: $u = \pi \cdot d$
$u = \pi \cdot 1{,}2$
$u \approx 3{,}77$
$A = u \cdot b$
$A = 3{,}77 \cdot 1{,}9$
$A \approx 7{,}16$

Die Walze plättet bei einer Umdrehung eine Fläche von ca. 7,2 m².

b) $200 : u = 200 : 3{,}77 \approx 53{,}05$
Die Walze muss sich 54-mal drehen.

---

62 a) Gegeben: $r = 6\,371\text{ km} + 350\text{ km} = 6\,721\text{ km}$
Gesucht: u
Formel: $u = 2\pi \cdot r$
$u = 2\pi \cdot 6\,721$
$u \approx 42\,229{,}29$

Die Umlaufbahn ist 42 229,29 km lang.

b) Gegeben: 92 Minuten für 1 Umrundung (42 229,29 km); h = 60 min
Gesucht: Geschwindigkeit in $\frac{\text{km}}{\text{h}}$

$$\frac{x}{60} = \frac{42\,229{,}29}{92} \quad |\cdot 60$$

$$x = \frac{42\,229{,}29 \cdot 60}{92}$$

$$x \approx 27\,540{,}84$$

Die Raumstation hat eine Umlaufgeschwindigkeit von $27\,540{,}84\ \frac{\text{km}}{\text{h}}$.

63 Gegeben: $A = 10\ m^2;\ r_2 = 1\ m$

Gesucht: b

Formel:

$$\begin{aligned} A &= \pi \cdot (r_1^2 - r_2^2) \\ 10 &= \pi \cdot (r_1^2 - 1) && |:\pi \\ 3{,}18 &= r_1^2 - 1 && |+1 \\ 4{,}18 &= r_1^2 && |\sqrt{\ } \\ r_1 &\approx 2{,}05 \end{aligned}$$

oder

$$\begin{aligned} A &= \pi \cdot r_1^2 - \pi \cdot r_2^2 \\ 10 &= \pi \cdot r_1^2 - \pi && |+\pi \\ 13{,}14 &\approx \pi \cdot r_1^2 && |:\pi \\ 4{,}18 &\approx r_1^2 && |\sqrt{\ } \\ r_1 &\approx 2{,}05 \end{aligned}$$

$$\begin{aligned} b &= r_1 - r_2 \\ &= 2{,}05 - 1 \\ &= 1{,}05 \end{aligned}$$

Der Kreisring ist ca. 1,05 m breit.

---

64 a) Gegeben: $a = 1$ LE LE = Längeneinheiten

$r_1 = 0{,}5$ LE (kleine Halbkreise)

$r_2 = 1$ LE (großer Halbkreis)

Gesucht: u; A

Formel: Umfang des großen Halbkreises:

$$u_1 = \frac{1}{2} \cdot 2\pi \cdot r_2$$

$$u_1 = \frac{1}{2} \cdot 2\pi \cdot 1$$

$$u_1 = \pi$$

Umfang der kleinen Halbkreise:

$$u_2 = 2\pi \cdot r_1$$

$$u_2 = 2\pi \cdot 0{,}5$$

$$u_2 = \pi$$

$$u = u_1 + u_2 = 2\pi \approx 6{,}28$$

Fläche des großen Halbkreises:

$$A_1 = \frac{1}{2} \cdot \pi \cdot r_2^2$$

$$A_1 = \frac{1}{2} \cdot \pi \cdot 1^2$$

$$A_1 \approx 1{,}57$$

Flächen der kleinen Halbkreise:

$$A_2 = 2 \cdot \frac{1}{2} \cdot \pi \cdot r_1^2$$

$$A_2 = \pi \cdot 0{,}5^2$$

$$A_2 \approx 0{,}785$$

$$A = A_1 - A_2 = 1{,}57 - 0{,}785 = 0{,}785$$

Die rote Figur hat einen Umfang von 6,28 LE und eine Fläche von 0,785 FE.

b) Gegeben: $a = 1;\ b = 2$

Gesucht: $A_{Rechteck}$; Prozentsatz p

Formel: $A = a \cdot b$

$A = 2$

Differenz der Flächen:

$2 - 0{,}785 = 1{,}215$

$$\frac{G}{100} = \frac{W}{p}$$

$$\frac{2}{100} = \frac{1{,}215}{p} \qquad \left| \cdot \frac{100 \cdot p}{2} \right.$$

$$p = \frac{1{,}215 \cdot 100}{2}$$

$$p = 60{,}75$$

Der Abfall beträgt 60,75 %.

65 Gegeben: $d = 50\text{ cm}$ ($\Rightarrow r = 25\text{ cm}$); $\alpha = 53°$

Gesucht: A_{KS}

Formel: $A_{KS} = \dfrac{\pi \cdot r^2 \cdot \alpha}{360°}$

$A_{KS} = \dfrac{\pi \cdot 25^2 \cdot 53°}{360°}$

$A_{KS} \approx 289{,}07$

Scarlet hat nicht recht, denn ihr Pizzastück ist nur 289,07 cm^2 groß.

---

66 $10^3 = 1\,000$ $\quad (-3)^3 = -27$ $\quad 2^{-3} = \dfrac{1}{2^3} = \dfrac{1}{8}$

$3^{-2} = \dfrac{1}{3^2} = \dfrac{1}{9}$ $\quad 2^{10} = 1\,024$ $\quad 10^{-2} = \dfrac{1}{10^2} = \dfrac{1}{100}$

2^{10} ist die größte und $(-3)^3$ die kleinste Zahl.

67
a) $2^5 > 5^2$, denn $32 > 25$

b) $(-4)^1 < (-4)^0$, denn $-4 < 1$

c) $4{,}5^2 \cdot 2^2 = 81$, denn $(4{,}5 \cdot 2)^2 = 9^2 = 81$

d) $\dfrac{3^2}{4^2} < \dfrac{4^2}{3^2}$, denn $\dfrac{9}{16} < \dfrac{16}{9}$

e) $7^{-2} > (-2)^7$, denn $\dfrac{1}{49} > -128$

f) $6^{-2} < (-2)^6$, denn $\dfrac{1}{36} < 64$

g) $8^{-1} < 8$, denn $\dfrac{1}{8} < 8$

h) $0{,}5^3 = \dfrac{1}{8}$, denn $0{,}5^3 = 0{,}125 = \dfrac{1}{8}$

68
a) $8^{-3} \cdot 8^4 = 8^{-3+4} = 8^1 = 8$

b) $\dfrac{3^6}{3^3} = 3^{6-3} = 3^3 = 27$

c) $9 \cdot 1{,}5^{-2} \cdot 2^{-2} = 9 \cdot (1{,}5 \cdot 2)^{-2} = 9 \cdot \dfrac{1}{3^2} = 1$

d) $(3xy^2)^3 = 3^3 \cdot x^3 \cdot y^{2 \cdot 3} = 27x^3y^6$

e) $\dfrac{5^{12}}{5^{10}} \cdot (-6+8)^2 = 5^{12-10} \cdot 2^2 = 5^2 \cdot 2^2 = (5 \cdot 2)^2 = 100$

f) $\dfrac{(x+1)^3}{x^2+2x+1} = \dfrac{(x+1)^3}{(x+1)^2} = x+1$

g) $\left(-\dfrac{4}{3}\right)^3 \cdot 3^3 + 3^2 = \left(-\dfrac{4}{3} \cdot 3\right)^3 + 3^2 = (-4)^3 + 9 = -64 + 9 = -55$

h) $(5^2 + 5^2 \cdot 2^2) : 5^2 = (5^2 + (5 \cdot 2)^2) : 5^2 = (5^2 + 10^2) : 5^2 = (25 + 100) : 25 = 125 : 25 = 5$

69

Aussage	wahr	falsch	Begründung
$-3^4 = 81$	☐	☒	$-3^4 = -81$
Es gibt Zahlen, die beim Potenzieren kleiner werden.	☒	☐	alle Zahlen zwischen 0 und 1 werden beim Potenzieren kleiner, z. B. $0{,}5^2 = 0{,}25$
$(4^0) = 0$	☐	☒	$4^0 = 1$
$7 - 7^2 = 0$	☐	☒	Punkt vor Strichrechnung $7 - 49 = -42$
$(a^4b^3)^3 = a^{12}b^9$	☒	☐	$a^{4\cdot 3}\, b^{3\cdot 3} = a^{12}\, b^9$
$x^n : x^1 = x^n$	☐	☒	$x^n : x^1 = x^{n-1}$

70

a) $1{,}2 \cdot 10^8$

b) $5{,}1 \cdot 10^{-5}$

c) $70\,000\,000\,000 = 7 \cdot 10^{10}$

d) $\frac{4}{10\,000} = 0{,}0004 = 4 \cdot 10^{-4}$

---

71 Damit ist gemeint: $-2{,}43 \cdot 10^{-3} = -\frac{2{,}43}{1\,000} = -0{,}00243$

---

72 Einwohner: $8{,}2 \cdot 10^7$
Fläche: $3{,}57 \cdot 10^5\ \text{km}^2$

Bevölkerungsdichte: $\frac{8{,}2 \cdot 10^7}{3{,}57 \cdot 10^5} = 2{,}2969 \cdot 10^2 = 229{,}69$

Die Bevölkerungsdichte in Deutschland beträgt ca. $230\ \frac{\text{E}}{\text{km}^2}$.

---

73 Entfernung Erde – Sonne: $1{,}5 \cdot 10^8\ \text{km} = 1{,}5 \cdot 10^{11}\ \text{m}$

Lichtgeschwindigkeit: $3 \cdot 10^8\ \frac{\text{m}}{\text{s}}$

Rechnung:

$$\frac{1{,}5 \cdot 10^{11}}{3 \cdot 10^8} = 0{,}5 \cdot 10^{11-8} = 0{,}5 \cdot 10^3 = 500$$

$500\ \text{s} \approx 8{,}33\ \text{min}$

oder

über proportionale Zuordnung:

$$\frac{x}{1{,}5 \cdot 10^{11}} = \frac{1}{3 \cdot 10^8} \quad | \cdot 1{,}5 \cdot 10^{11}$$

$$x = \frac{1{,}5 \cdot 10^{11}}{3 \cdot 10^8}$$

$$x = 0{,}5 \cdot 10^3$$

$$x = 500$$

$500\ \text{s} \approx 8{,}33\ \text{min}$

Ein Lichtstrahl braucht ca. 8,33 min von der Sonne bis zur Erde.

74

a) $\sqrt[3]{64} = 4$

b) $\sqrt{14} \cdot \sqrt{14} = \sqrt{14 \cdot 14} = 14$

c) $\sqrt[3]{x \cdot x \cdot x} = \sqrt[3]{x^3} = x$

d) $\sqrt{72 : 2} = \sqrt{36} = 6$

e) $\sqrt[3]{10^2} = \sqrt[3]{100} \approx 4{,}64$

f) $\sqrt{10^3} = \sqrt{1\,000} \approx 31{,}62$

2 Lineare Funktionen – Lineare Gleichungssysteme

75 a) Es ist eine Funktion, weil jedem x-Wert genau ein y-Wert zugeordnet wird.

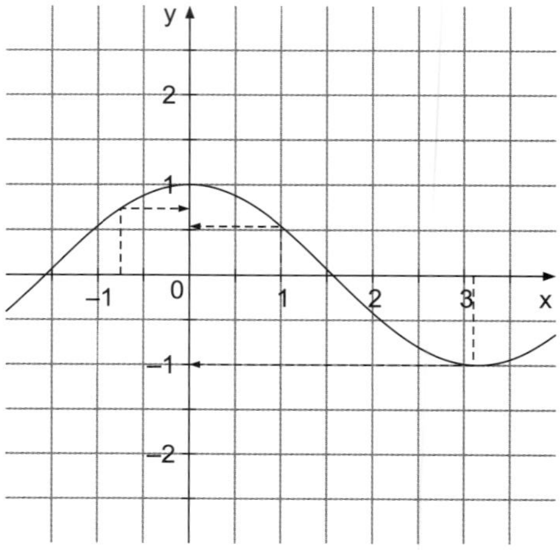

b) Es ist keine Funktion, weil es x-Werte gibt, denen zwei y-Werte zugeordnet werden.

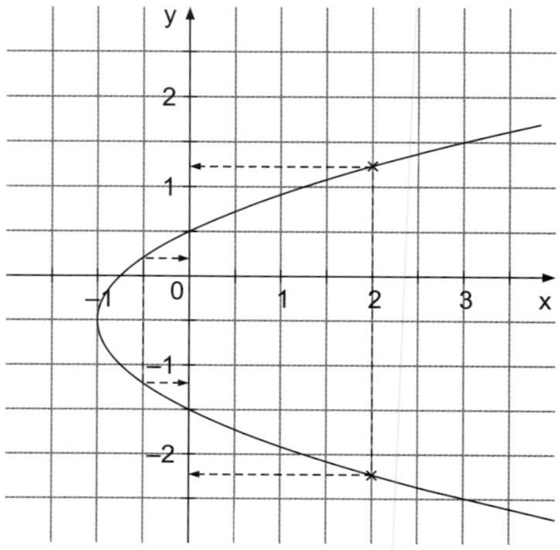

c) Es ist eine Funktion, weil jedem Alter genau eine Körpergröße zugeordnet wird.

d) Es ist eine Funktion, weil jedem Durchmesser eines Kreises nach der Funktionsgleichung genau ein Flächeninhalt zugeordnet wird.

$A(d) = \pi \cdot \left(\frac{d}{2}\right)^2$ (Kreisformel: $A = \pi \cdot r^2$)

---

76 $y = \frac{1}{2}x + 1$

x	–3	–2	–1	0	1	2	3	4
y	–0,5	0	0,5	1	1,5	2	2,5	3

$y = \frac{1}{2}x^2 - 2$

x	–3	–2	–1	0	1	2	3	4
y	2,5	0	–1,5	–2	–1,5	0	2,5	6

Die Graphen schneiden sich in den Punkten $S_1(-2\,|\,0)$ und $S_2(3\,|\,2{,}5)$.

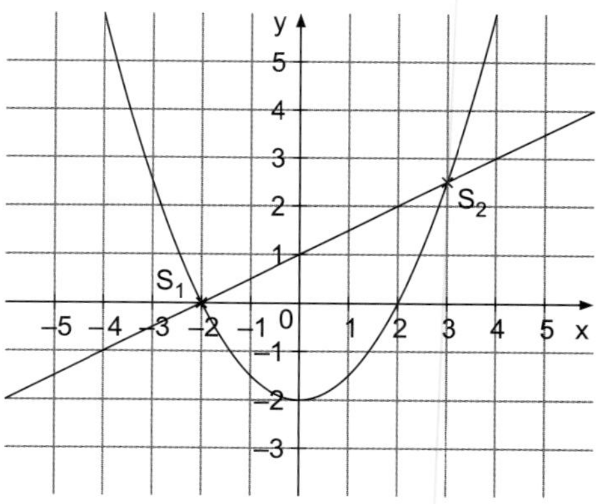

77 Zeichnerische Lösung (siehe nebenstehende Skizze):
Die Graphen scheiden sich im Punkt S(–1 | –1).

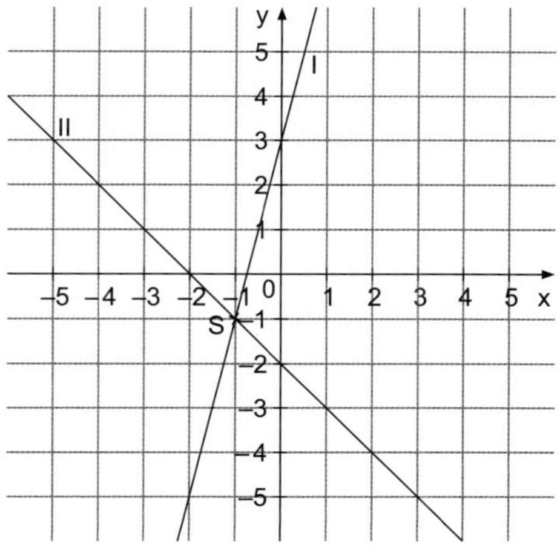

Rechnerische Lösung:

I $y = 4x + 3$

II $y = -x - 2$

Gleichsetzen I = II:

$4x + 3 = -x - 2 \quad | + x - 3$

$5x = -5 \quad | : 5$

$x = -1$

Einsetzen in I:

$y = 4 \cdot (-1) + 3$

$y = -1$

Schnittpunkt: S(–1 | –1)

---

78 a) 5

b) 4

c) 1

d) 6

e) 2

f) 3

---

79 a) $y = -\frac{1}{3}x + 2, \quad y = -\frac{1}{3}x - 1, \quad y = -\frac{1}{3}x, \quad \dots$

Alle Funktionen mit der Steigung $m = -\frac{1}{3}$.

b) Funktionsgleichung:

$y = -\frac{1}{3}x + 6$

A(6 | 4) eingesetzt:

$4 \stackrel{?}{=} -\frac{1}{3} \cdot 6 + 6$

$4 = 4$

A liegt auf g.

B(–24 | 13) eingesetzt:

$13 \stackrel{?}{=} -\frac{1}{3} \cdot (-24) + 6$

$13 \neq 14$

B liegt nicht auf g.

c) Steigungsdreieck der Senkrechten:
1 LE nach rechts, 3 LE nach oben.

$m = \frac{3}{1} = 3$

Funktionsgleichung der Senkrechten:
$y = 3x + 6$

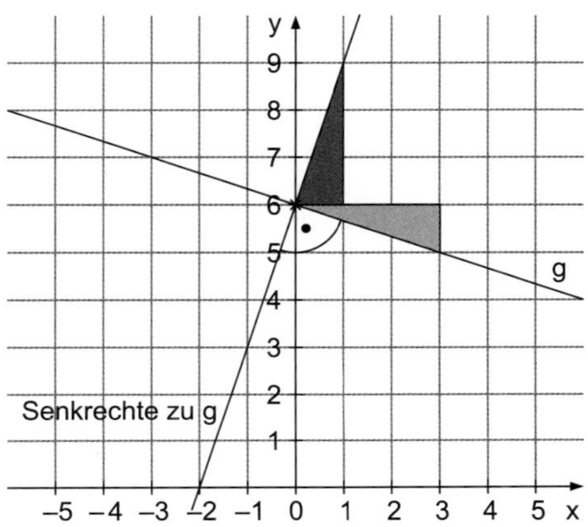

d) Eine zeichnerische Lösung durch Ablesen ist nicht möglich, da der Schnittpunkt mit der x-Achse außerhalb des eingezeichneten Bereichs liegt.

Rechnerische Lösung:

$$0 = -\frac{1}{3}x + 6 \quad |-6$$

$$-6 = -\frac{1}{3}x \quad |\cdot(-3)$$

$$x = 18$$

Bei x = 18 schneidet g die x-Achse.

e) P(–10 | ?)

$$y = -\frac{1}{3}\cdot(-10) + 6$$

$$y = \frac{10}{3} + 6$$

$$y = 9,\overline{3}$$

Q(? | 8)

$$8 = -\frac{1}{3}\cdot x + 6 \quad |-6$$

$$2 = -\frac{1}{3}x \quad |\cdot(-3)$$

$$x = -6$$

Die Punkte P(–10 | 9,33) und Q(–6 | 8) liegen auf g.

---

80 a) x entspricht „Anzahl der km"
y entspricht „Kosten"

Funktionsgleichung 1 (≤ 10 km): $y = 1{,}68x + 2{,}4$
Funktionsgleichung 2 (> 10 km): $y = 1{,}28x + 2{,}4$

b) $y = 1{,}68 \cdot 7 + 2{,}4$
$y = 14{,}16$
Die Fahrt kostet 14,16 €.

c) Reine Fahrtkosten nach Abzug des Trinkgelds:
23 € – 1,40 € = 21,60 €

Eine Fahrt von höchstens zehn Kilometer Länge kostet höchstens 1,68 € · 10 + 2,40 € = 19,20 €. Daher ist Funktionsgleichung 2 zu verwenden.

$$21{,}6 = 1{,}28x + 2{,}4 \quad |-2{,}4$$

$$19{,}2 = 1{,}28x \quad |:1{,}28$$

$$x = 15$$

Der Fahrstrecke war 15 km lang.

---

81 Probe: x = –5 und y = 4 in beide Gleichungen einsetzen.

I

$$\frac{4}{5}\cdot(-5) + \frac{1}{4}\cdot 4 \stackrel{?}{=} -3$$

$$-4 + 1 \stackrel{?}{=} -3$$

$$-3 = -3$$

II

$$-4 \stackrel{?}{=} -(-5) + 1$$

$$-4 \stackrel{?}{=} 5 + 1$$

$$-4 \neq 6$$

Die Lösung (–5 | 4) stimmt nicht.

---

82 a) Grafisches Lösungsverfahren oder Gleichsetzungsverfahren:

I = II:

$-\frac{1}{2}x + 1 = \frac{3}{4}x - 4 \quad \left| -\frac{3}{4}x \right.$

$-\frac{5}{4}x + 1 = -4 \quad |-1$

$-\frac{5}{4}x = -5 \quad \left| \cdot \left(-\frac{4}{5}\right) \right.$

$x = 4$

x = 4 in I:

$y = -\frac{1}{2} \cdot 4 + 1$

$y = -1$

$L = \{(4|-1)\}$

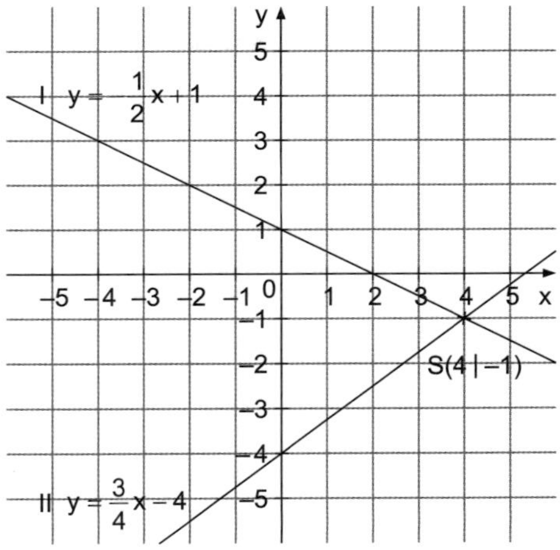

b) Additionsverfahren:

I $\quad 6x - 6y = 108$

II $\quad 7x + 2y = 27 \quad |\cdot 3$

I $\quad 6x - 6y = 108$

II $\quad 21x + 6y = 81$ (+)

I + II $\quad 27x = 189 \quad |:27$

$x = 7$

x = 7 in II:

$7 \cdot 7 + 2y = 27$

$49 + 2y = 27 \quad |-49 \quad |:2$

$y = -11$

Probe:

I $\quad 6 \cdot 7 - 6 \cdot (-11) \overset{?}{=} 108$

$42 + 66 \overset{?}{=} 108$

$108 = 108$

II $\quad 7 \cdot 7 + 2 \cdot (-11) \overset{?}{=} 27$

$49 - 22 \overset{?}{=} 27$

$27 = 27$

$L = \{(7|-11)\}$

c) Einsetzungsverfahren:

I nach y auflösen:

I $\quad y = 85 - 0{,}75x$

I in II:

$0{,}5x - 0{,}6(85 - 0{,}75x) = 44$

$0{,}5x - 51 + 0{,}45x = 44$

$-51 + 0{,}95x = 44 \quad |+51$

$0{,}95x = 95 \quad |:0{,}95$

$x = 100$

x = 100 in I:

$0{,}75 \cdot 100 + y = 85$

$75 + y = 85 \quad |-75$

$y = 10$

Probe:

I $0{,}75 \cdot 100 + 10 \stackrel{?}{=} 85$

$75 + 10 \stackrel{?}{=} 85$

$85 = 85$

II $0{,}5 \cdot 100 - 0{,}6 \cdot 10 \stackrel{?}{=} 44$

$50 - 6 \stackrel{?}{=} 44$

$44 = 44$

$L = \{(100 | 10)\}$

d) Additionsverfahren:

I $9x - 2y = -20 \quad |\cdot 2$

II $-2x - 9y = -5 \quad |\cdot 9$

Achtung: Reihenfolge bei II vertauscht.

I $18x - 4y = -40$

II $-18x - 81y = -45$ } +

I + II $-85y = -85 \quad |:(-85)$

$y = 1$

y = 1 in I:

$9x - 2 \cdot 1 = -20 \quad |+2$

$9x = -18 \quad |:9$

$x = -2$

Probe:

I $9 \cdot (-2) - 2 \cdot 1 \stackrel{?}{=} -20$

$-18 - 2 \stackrel{?}{=} -20$

$-20 = -20$

II $-9 \cdot 1 - 2 \cdot (-2) \stackrel{?}{=} -5$

$-9 + 4 \stackrel{?}{=} -5$

$-5 = -5$

$L = \{(-2 | 1)\}$

---

83 a) Preis für Erwachsene: x

Preis für Kinder: y

I $2x + 4y = 30{,}4$

II $3x + 2y = 28{,}8$

Additionsverfahren: II · (–2)

I $2x + 4y = 30{,}4$

II $-6x - 4y = -57{,}6$ } +

I + II $-4x = -27{,}2 \quad |:(-4)$

$x = 6{,}8$

x = 6,8 in I:

$2 \cdot 6{,}8 + 4y = 30{,}4$

$13{,}6 + 4y = 30{,}4 \quad |-13{,}6$

$4y = 16{,}8$

$y = 4{,}2$

Die Kinokarte für Erwachsene kostet 6,80 € und die für Kinder 4,20 €.

b) Anzahl der Karten für Erwachsene: x
Anzahl der Karten für Kinder: y

I $6{,}8 \cdot x + 4{,}2 \cdot y = 32$
II $x + y = 7$

Einsetzungsverfahren:
II $x = 7 - y$ in I

II in I:
$6{,}8 \cdot (7 - y) + 4{,}2y = 32$
$47{,}6 - 6{,}8y + 4{,}2y = 32 \quad | -47{,}6$
$-2{,}6y = -15{,}6 \quad | :(-2{,}6)$
$y = 6$

Es waren 6 Kinder dabei.

---

84 Erste Zahl: x
Zweite Zahl: y

a) I $x + y = -1$ (Lösung: $x = 3$; $y = -4$)
II $x - y = 7$

b) I $3x + y = 13$ (Lösung: $x = 7$; $y = -8$)
II $x - 2y = 23$

c) I $2x + 2 = y$ (Lösung: $x = 12$; $y = 26$)
II $\frac{x + y}{2} - 7 = x$

oder

II $\frac{1}{2}(x + y) = x + 7$

---

85 Anzahl der Hunde: x
Anzahl der Menschen: y

I $x + y = 65$ (Köpfe insgesamt)
II $4x + 2y = 178$ (Beine insgesamt)

Additionsverfahren: $I \cdot (-2)$

$$\begin{array}{ll} \text{I} & -2x - 2y = -130 \\ \text{II} & 4x + 2y = 178 \end{array} \Big\} +$$

$$\begin{array}{ll} \text{I+II} & 2x = 48 \quad | :2 \\ & x = 24 \end{array}$$

$x = 24$ in I:
$24 + y = 65 \quad | -24$
$y = 41$

Robert begegnete 24 Hunden und 41 Menschen.

---

86 Alter von Xaver: x
Alter von Yvonne: y

Xaver ist jetzt 7 Jahre älter als Yvonne: $y + 7 = x$ **oder** $x - 7 = y$

Vor sechs Jahren ($x - 6$; $y - 6$) war Xaver doppelt so alt wie Yvonne: $x - 6 = 2 \cdot (y - 6)$

Gleichungssystem c stimmt!

I $\quad x = y + 7$
II $\quad x - 6 = 2(y - 6)$

Einsetzungsverfahren:
I in II:
$y + 7 - 6 = 2(y - 6)$
$y + 1 = 2y - 12 \quad | -2y \quad | -1$
$-y = -13 \quad | : (-1)$
$y = 13$

$y = 13$ in I:
$x = 13 + 7$
$x = 20$
Xaver ist 20 Jahre alt, Yvonne ist 13.

---

87 Menge der 40 %igen Säure in $m\ell$: $\quad x$
Menge der 15 %igen Säure in $m\ell$: $\quad y$

$20\ \% = \frac{20}{100} = 0{,}2$

I $\quad 0{,}4 \cdot x + 0{,}15 \cdot y = 0{,}2 \cdot 100$ $\qquad$ **oder** $\quad$ I $\quad 40 \cdot x + 15 \cdot y = 20 \cdot 100$
II $\quad x + y = 100$ $\qquad$ II $\quad x + y = 100$

Einsetzungsverfahren:
II $\quad x = 100 - y$

II in I:
$0{,}4 \cdot (100 - y) + 0{,}15y = 0{,}2 \cdot 100$
$40 - 0{,}4y + 0{,}15y = 20 \quad | -40$
$-0{,}25y = -20 \quad | : (-0{,}25)$
$y = 80$

$y = 80$ in II:
$x = 20$
Man mischt 20 $m\ell$ 40 %ige und 80 $m\ell$ 15 %ige Essigsäure und erhält 100 $m\ell$ 20 %ige Essigsäure.

---

88 **Rechnerische Lösung:**
I $\quad 3x - 2y = 10 \quad | \cdot 2$
II $\quad -6x + 4y = -4$

Additionsverfahren:
I $\quad 6x - 4y = 20$
II $\quad -6x + 4y = -4$ $\quad$ } +

I + II $\quad 0 = 16$ $\qquad$ falsche Aussage
$L = \varnothing$

Grafische Lösung:
I und II werden umgestellt nach y:

I $\quad y = \frac{3}{2}x - 5$

II $\quad y = \frac{3}{2}x - 1$

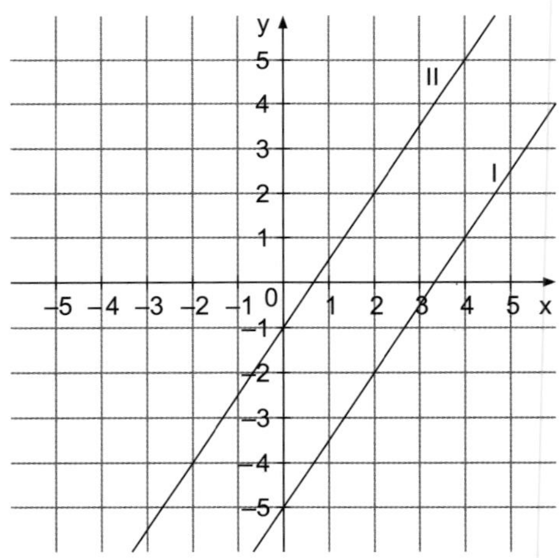

3 Quadratische Funktionen und Gleichungen

89 a) $S(-5\,|\,2)$

b) $y = (x+5)^2 + 2$ Scheitelpunktform

$y = (x^2 + 10x + 25) + 2$

$y = x^2 + 10x + 27$ allgemeine Form

90 a) Wertetabelle:

x	–2	–1	0	1	2	3	4	5	6	7	8
y	–2,33	0,67	3	4,67	5,67	6	5,67	4,67	3	0,67	–2,33

Graph:

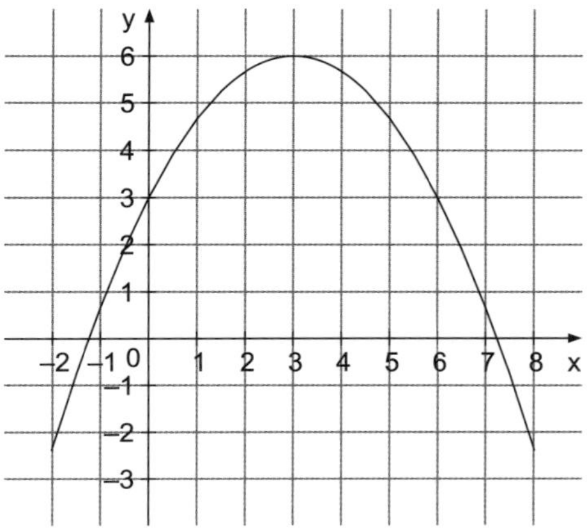

b) Überprüfung für P(4 | 5,8):

$5{,}8 \stackrel{?}{=} -\frac{1}{3}\cdot 4^2 + 2\cdot 4 + 3$

$5{,}8 \stackrel{?}{=} -5{,}33 + 8 + 3$

$5{,}8 \neq 5{,}67$

P liegt nicht auf dem Graphen.

Überprüfung für Q(–9 | –42):

$-42 \stackrel{?}{=} -\frac{1}{3}\cdot (-9)^2 + 2\cdot (-9) + 3$

$-42 \stackrel{?}{=} -27 - 18 + 3$

$-42 = -42$

Q liegt auf dem Graphen.

c) Die Koordinaten des Scheitelpunktes lauten: $S(3\,|\,6)$

91 a) Scheitelpunkt $S(2\,|\,-1)$

$y = (x-2)^2 - 1$ Scheitelpunktform

$y = (x^2 - 4x + 4) - 1$

$y = x^2 - 4x + 3$ allgemeine Form

b) Scheitelpunkt $S(-3\,|\,2)$, Streckfaktor ist –1, d. h. die Normalparabel wird an der x-Achse gespiegelt

$y = -1\cdot(x+3)^2 + 2$ Scheitelpunktform

$y = -1(x^2 + 6x + 9) + 2$

$y = -x^2 - 6x - 9 + 2$

$y = -x^2 - 6x - 7$ allgemeine Form

92 a) Wertetabelle:

x	0	10	20	30	40	50	60	70	80	90	100	110
y	0	7,2	12,8	16,8	19,2	20	19,2	16,8	12,8	7,2	0	−8,8

Graph:

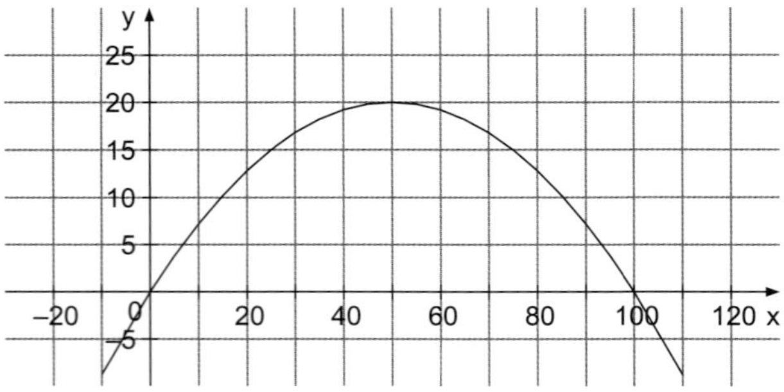

b) Der Ball fliegt 100 m weit.

c) Die größte Höhe ist 20 m.

d) Der höchste Punkt der Baumkrone hat die Koordinaten (17 | 11).
Gesucht ist die y-Koordinate für den Punkt (17 | ?) des Graphen.

$y = -\frac{1}{125}x^2 + \frac{4}{5}x$

$y = -\frac{1}{125} \cdot 17^2 + \frac{4}{5} \cdot 17$

$y \approx 11,29$

Der Ball fliegt im Abstand von etwa 29 cm über den Baum.

---

93 a) f_4 b) f_3 c) f_1 d) f_2 e) f_5

---

94 a) $2x^2 - 98 = 0 \quad | +98 \quad | :2$

$x^2 = 49$

$x = \pm\sqrt{49}$

$x_1 = 7 \quad x_2 = -7$

b) $3x^2 - \frac{108}{169} = 0 \quad \left| +\frac{108}{169} \right. \quad | :3$

$x^2 = \frac{36}{169}$

$x = \pm\sqrt{\frac{36}{169}}$

$x_1 = \frac{6}{13} \quad x_2 = -\frac{6}{13}$

c) $(x-2)^2 + 12x = -3x^2 + (x+4)^2$

$x^2 - 4x + 4 + 12x = -3x^2 + x^2 + 8x + 16 \quad | +2x^2 - 8x - 4$

$3x^2 = 12 \quad | :3$

$x^2 = 4$

$x = \pm\sqrt{4}$

$x_1 = 2 \quad x_2 = -2$

d) $5x^2 + 45 = 0 \quad |-45 \quad |:5$

$x^2 = -9$

$x = \pm\sqrt{-9}$

Es gibt keine reelle Lösung.

---

95 a) $x^2 - 9 = 0$

b) $x^2 - \frac{9}{16} = 0$

---

96 a) $3x^2 - 16{,}5265 = 0$

$x^2 = \frac{16{,}5265}{3}$

$x_1 \approx 2{,}35 \quad x_2 \approx -2{,}35$

b) $2{,}5x^2 - (8{,}75)^3 = 0$

$x^2 = \frac{(8{,}75)^3}{2{,}5}$

$x_1 \approx 16{,}37 \quad x_2 \approx -16{,}37$

---

97 a) $x^2 - \frac{3}{4}x = 0$

$x\left(x - \frac{3}{4}\right) = 0$

$x_1 = 0 \quad x_2 = \frac{3}{4}$

$L = \left\{0; \frac{3}{4}\right\}$

b) $2x^2 - 5x = 0 \quad |:2$

$x^2 - 2{,}5x = 0$

$x(x - 2{,}5) = 0$

$x_1 = 0 \quad x_2 = 2{,}5$

$L = \{0; 2{,}5\}$

c) $-3x^2 + 9x = 0 \quad |:(-3)$

$x^2 - 3x = 0$

$x(x - 3) = 0$

$x_1 = 0 \quad x_2 = 3$

$L = \{0; 3\}$

---

98 a) $2x^2 + 6x - 20 = 0 \quad |:2$

$x^2 + 3x - 10 = 0$ Normalform $p = 3 \quad q = -10$

$x_{1/2} = -\frac{3}{2} \pm \sqrt{\left(\frac{3}{2}\right)^2 + 10}$

$x_{1/2} = -1{,}5 \pm \sqrt{2{,}25 + 10}$

$x_{1/2} = -1{,}5 \pm 3{,}5$

$x_1 = 2 \quad x_2 = -5$

$L = \{-5; 2\}$

b) $x^2 - 2x - 15 = 0$ Normalform $p = -2 \quad q = -15$

$x_{1/2} = -\frac{-2}{2} \pm \sqrt{\left(\frac{2}{2}\right)^2 + 15}$

$x_{1/2} = 1 \pm \sqrt{1 + 15}$

$x_{1/2} = 1 \pm 4$

$x_1 = 5 \quad x_2 = -3$

$L = \{-3; 5\}$

c) $\frac{1}{2}x^2 + 12{,}5x + 50 = 0 \quad |\cdot 2$

$x^2 + 25x + 100 = 0$ Normalform $p = 25 \quad q = 100$

$x_{1/2} = -\frac{25}{2} \pm \sqrt{\left(\frac{25}{2}\right)^2 - 100}$

$x_{1/2} = -12{,}5 \pm \sqrt{156{,}25 - 100}$

$x_{1/2} = -12{,}5 \pm 7{,}5$

$x_1 = -5 \quad x_2 = -20$

$L = \{-20; -5\}$

d) $4x^2 = 12 + 8x \quad |-12 - 8x$ Sortieren

$4x^2 - 8x - 12 = 0 \quad |:4$

$x^2 - 2x - 3 = 0$ Normalform $p = -2 \quad q = -3$

$x_{1/2} = \frac{2}{2} \pm \sqrt{\left(\frac{2}{2}\right)^2 + 3}$

$x_{1/2} = 1 \pm 2$

$x_1 = 3 \quad x_2 = -1$

$L = \{-1; 3\}$

e) $16x^2 + 25 = 40x$ | $-40x$ Sortieren

$16x^2 - 40x + 25 = 0$ | $:16$

$x^2 - 2,5x - 1,5625 = 0$ Normalform $p = -2,5$ $q = -1,5625$

$x_{1/2} = -\frac{-2,5}{2} \pm \sqrt{\left(\frac{2,5}{2}\right)^2 + 1,5625}$

$x_{1/2} = 1,25 \pm \sqrt{1,5625 - 1,5625}$

$x_{1/2} = 1,25 \pm \sqrt{0}$

$x = 1,25$

$L = \{1,25\}$ nur eine Lösung

oder

mit Brüchen rechnen

$16x^2 - 40x + 25 = 0$ | $:16$

$x^2 - \frac{5}{2}x + \frac{25}{16} = 0$

$x_{1/2} = \frac{5}{4} \pm \sqrt{\left(\frac{5}{4}\right)^2 - \frac{25}{16}}$

$x_{1/2} = \frac{5}{4} \pm \sqrt{\frac{25}{16} - \frac{25}{16}}$

$x = \frac{5}{4}$

$L = \left\{\frac{5}{4}\right\}$

f) $-6x^2 - 9x + 6 = 0$ | $:(-6)$

$x^2 + \frac{3}{2}x - 1 = 0$ Normalform $p = \frac{3}{2}$ $q = -1$

$x_{1/2} = -\frac{3}{4} \pm \sqrt{\left(\frac{3}{4}\right)^2 + 1}$

$x_{1/2} = -\frac{3}{4} \pm \sqrt{\left(\frac{9}{16}\right) + \frac{16}{16}}$

$x_{1/2} = -\frac{3}{4} \pm \sqrt{\frac{25}{16}}$

$x_{1/2} = -\frac{3}{4} \pm \frac{5}{4}$

$x_1 = \frac{1}{2}$ $x_2 = -2$

$L = \left\{-2; \frac{1}{2}\right\}$

---

99 Nullstellen sind die x-Koordinaten der Schnittpunkte der Parabel mit der x-Achse. Da für jeden Schnittpunkt mit der x-Achse die y-Koordinate 0 wird, setzt man $y = 0$.

a) $x^2 - 3x - 4 = 0$ | p-q-Formel

$x_{1/2} = \frac{3}{2} \pm \sqrt{\left(\frac{-3}{2}\right)^2 + 4}$

$x_{1/2} = 1,5 \pm \sqrt{1,5^2 + 4}$

$x_{1/2} = 1,5 \pm \sqrt{6,25}$

$x_{1/2} = 1,5 \pm 2,5$

$x_1 = 4$ $x_2 = -1$

Der Graph der Parabel schneidet die x-Achse an den Stellen –1 und 4.

b) $\frac{1}{2}x^2 - 8x + 7,5 = 0$ | $\cdot 2$

$x^2 - 16x + 15 = 0$ | Normalform

$x_{1/2} = \frac{16}{2} \pm \sqrt{\left(\frac{-16}{2}\right)^2 - 15}$

$x_{1/2} = 8 \pm \sqrt{8^2 - 15}$

$x_{1/2} = 8 \pm \sqrt{49}$

$x_{1/2} = 8 \pm 7$

$x_1 = 15$ $x_2 = 1$

Der Graph der Parabel schneidet die x-Achse an den Stellen 1 und 15.

100 a) Skizze:

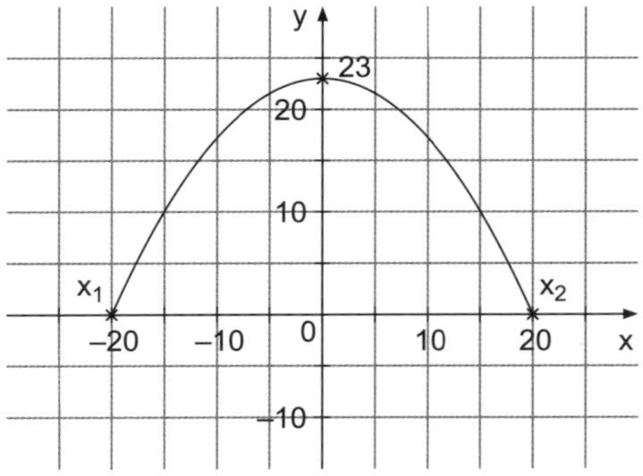

b) Gesucht werden die Nullstellen der Parabel.

$-0{,}0575x^2 + 23 = 0 \qquad | -23$ (reinquadratische Gleichung)

$-0{,}0575x^2 = -23 \qquad | :(-0{,}0575)$

$x^2 = 400 \qquad | \sqrt{}$

$x_1 = -20 \qquad x_2 = 20$

Die Kuppel hat einen unteren Durchmesser von 40 m.

101

	Länge in m	Breite in m	Flächeninhalt in m^2
Altes Rechteck	$\ell = b + 20$	b	$A_{alt} = b \cdot (b+20)$
Neues Rechteck	$\ell - 5 = b + 15$	2b	$A_{neu} = 2b \cdot (b+15)$

$A_{neu} = A_{alt} + 936$

$2b \cdot (b+15) = b \cdot (b+20) + 936$

$2b^2 + 30b = b^2 + 20b + 936 \qquad | -b^2 - 20b - 936$

$b^2 + 10b - 936 = 0$

$(p = 10; \quad q = -936)$

$$b_{1/2} = -\frac{10}{2} \pm \sqrt{\left(\frac{10}{2}\right)^2 + 936}$$

$b_{1/2} = -5 \pm \sqrt{5^2 + 936}$

$b_{1/2} = -5 \pm \sqrt{961}$

$b_{1/2} = -5 \pm 31$

$b_1 = 26 \qquad b_2 = -36$

b_2 scheidet als Lösung aus, da die Länge nicht negativ sein kann.

	Länge in m	Breite in m	Flächeninhalt in m^2
Altes Rechteck	46	26	1 196
Neues Rechteck	41	52	2 132

---

102 a) $x^2 - 4x + 3 = 0$, d. h. $p = -4; \ q = 3$

$x_1 = 1; \ x_2 = 3 \ \Rightarrow \ x_1 + x_2 = 1 + 3 = 4 = -(-4) = -p$

$x_1 \cdot x_2 = 1 \cdot 3 = 3 = q$

Nach dem Satz von Vieta sind $x_1 = 1$ und $x_2 = 3$ tatsächlich Lösungen der Gleichung.

b) $4x^2 - 16x - 20 = 0 \quad |:4$
$x^2 - 4x - 5 = 0$
d. h. $p = -4$; $q = -5$
$x_1 = -1$; $x_2 = 5 \Rightarrow x_1 + x_2 = -1 + 5 = 4 = -(-4) = -p$
$x_1 \cdot x_2 = (-1) \cdot 5 = -5 = q$
Somit sind sind $x_1 = -1$ und $x_2 = 5$ tatsächlich Lösungen der Gleichung.

---

103 a) $x^2 - 7x + 6 = 0$
Nach dem Satz von Vieta gilt für die Lösungen x_1, x_2:
$x_1 + x_2 = -(-7) = 7; \quad x_1 \cdot x_2 = 6$
Mögliche Werte für x_1 und x_2 sind die Teiler von 6, also $\pm 1, \pm 2, \pm 3, \pm 6$.
Wegen $1 + 6 = 7$ und $1 \cdot 6 = 6$ liefern $x_1 = 1$ und $x_2 = 6$ die Lösungen der Gleichung.

b) $x^2 + 9x + 20 = 0$
Satz von Vieta: $x_1 + x_2 = -9; \quad x_1 \cdot x_2 = 20$
Mögliche Werte für x_1 und x_2: $\pm 1, \pm 2, \pm 4, \pm 5, \pm 10, \pm 20$
Mit $x_1 = -4$ und $x_2 = -5$ gelten $x_1 + x_2 = -9$ und $x_1 \cdot x_2 = 20$;
Somit sind $x_1 = -4$ und $x_2 = -5$ Lösungen der Gleichung.

c) $x^2 + 8x - 20 = 0$
Satz von Vieta: $x_1 + x_2 = -8; \quad x_1 \cdot x_2 = -20$
Mögliche Werte für x_1 und x_2: $\pm 1, \pm 2, \pm 4, \pm 5, \pm 10, \pm 20$
Mit $x_1 = -10$ und $x_2 = 2$ gelten $x_1 + x_2 = -8$ und $x_1 \cdot x_2 = -20$;
Somit sind $x_1 = -10$ und $x_2 = 2$ Lösungen der Gleichung.

d) $x^2 - x - 6 = 0$
Satz von Vieta: $x_1 + x_2 = 1; \quad x_1 \cdot x_2 = -6$
Mögliche Werte für x_1 und x_2: $\pm 1, \pm 2, \pm 3, \pm 6$
Mit $x_1 = 3$ und $x_2 = -2$ gelten $x_1 + x_2 = 1$ und $x_1 \cdot x_2 = -6$;
Somit sind $x_1 = 3$ und $x_2 = -2$ Lösungen der Gleichung.

---

104 a) $-p = x_1 + x_2 \qquad q = x_1 \cdot x_2$
$-p = 2 - 6 = -4 \qquad q = 2 \cdot (-6)$
$p = 4 \qquad q = -12$
Gleichung: $x^2 + 4x - 12 = 0$

b) $-p = -4 + 7,5 = 3,5 \qquad q = (-4) \cdot 7,5$
$p = -3,5 \qquad q = -30$
Gleichung: $x^2 - 3,5x - 30 = 0$

4 Ähnlichkeit und Strahlensätze

105 Da die Strecken in unterschiedlichen Einheiten angegeben sind, muss zunächst umgerechnet werden:
6 km = 600 000 cm
Nun kann mithilfe der gegebenen Größen der Maßstab berechnet werden:

$1 : x = 3 : 600\,000$

$\frac{1}{x} = \frac{3}{600\,000}$ | $\cdot x$ | $\cdot 600\,000$

$3x = 600\,000$ | $:3$

$x = 200\,000$

oder

Bild : Original = $3 : 600\,000$

$= \frac{3}{600\,000}$ | kürzen, sodass der Zähler 1 wird

$= \frac{1}{200\,000}$

$= 1 : 200\,000$

Die Karte hat den Maßstab 1 : 200 000.

---

106 a) Original: 5 km = 5 000 m = 500 000 cm
Bild: 5 cm

Berechnung des Maßstabes:

$1 : x = 5 : 500\,000$

$\frac{1}{x} = \frac{5}{500\,000}$ | $\cdot x$ | $\cdot 500\,000$

$500\,000 = 5x$ | $:5$

$x = 100\,000$

oder

Bild : Original = $5 : 500\,000$

$= \frac{5}{500\,000}$ | kürzen, sodass der Zähler 1 wird

$= \frac{1}{100\,000}$

$= 1 : 100\,000$

Maßstab: 1 : 100 000
Buchstabe **A**

b) Original: 200 m = 20 000 cm
Bild: 4 cm

Berechnung des Maßstabes:

$1 : x = 4 : 20\,000$

$\frac{1}{x} = \frac{4}{20\,000}$ | $\cdot x$ | $\cdot 20\,000$

$20\,000 = 4x$ | $:4$

$x = 5\,000$

oder

Bild : Original = $4 : 20\,000$

$= \frac{4}{20\,000}$ | kürzen, sodass der Zähler 1 wird

$= \frac{1}{5\,000}$

$= 1 : 5\,000$

Maßstab: 1 : 5 000
Buchstabe **C**

c) Original: 25 m = 2 500 cm
Bild: 5 cm

Berechnung des Maßstabes:

$1 : x = 5 : 2\,500$

$\frac{1}{x} = \frac{5}{2\,500}$ | $\cdot x$ | $\cdot 2\,500$

$2\,500 = 5x$ | $:5$

$x = 500$

oder

Bild : Original = $5 : 2\,500$

$= \frac{5}{2\,500}$ | kürzen, sodass der Zähler 1 wird

$= \frac{1}{500}$

$= 1 : 500$

Maßstab: 1 : 500
Buchstabe **F**

d) Original: 9 m = 900 cm
Bild: 45 mm = 4,5 cm

Berechnung des Maßstabes:
$1 : x = 4{,}5 : 900$

$\frac{1}{x} = \frac{4{,}5}{900} \quad | \cdot x \;\; | \cdot 900$

$900 = 4{,}5x \quad | : 4{,}5$

$x = 200$

oder

$\text{Bild} : \text{Original} = 4{,}5 : 900$

$= \frac{4{,}5}{900}$ | kürzen, sodass der Zähler 1 wird

$= \frac{1}{200}$

$= 1 : 200$

Maßstab: 1 : 200
Buchstabe **G**

---

107 a) Berechnung des Streckungsfaktors k aus dem gegebenen Maßstab 1 : 25

$k = 1 : 25 = \frac{1}{25} = 0{,}04$

Berechnung der Gesamthöhe des Brandenburger Tors (mit Quadriga):
$21 + 5 = 26$

Berechnung der Modellgrößen:
Höhe des Modells: $26 \cdot k = 26 \cdot 0{,}04 = 1{,}04$
Breite des Modells: $65{,}5 \cdot k = 65{,}5 \cdot 0{,}04 = 2{,}62$
Tiefe des Modells: $11 \cdot k = 11 \cdot 0{,}04 = 0{,}44$

Das Modell ist 1,04 m hoch, 2,62 m breit und 0,44 m tief. Für den Schultisch und die Glasvitrine ist es damit zu groß. Das Modell könnte also in der Aula aufgestellt werden.

oder

Berechnung über den Maßstab:
1 : 25 bedeutet: 1 m im Modell ≙ 25 m in Wirklichkeit

Berechnung der Höhe des Modells:
$1 : 25 = x : 26$

$\frac{1}{25} = \frac{x}{26} \quad | \cdot 26$

$\frac{26}{25} = x$

$x = 1{,}04$

Berechnung der Breite des Modells:
$1 : 25 = x : 65{,}5$

$\frac{1}{25} = \frac{x}{65{,}5} \quad | \cdot 65{,}5$

$\frac{65{,}5}{25} = x$

$x = 2{,}62$

Berechnung der Tiefe des Modells:
$1 : 25 = x : 11$

$\frac{1}{25} = \frac{x}{11} \quad | \cdot 11$

$\frac{11}{25} = x$

$x = 0{,}44$

Das Modell ist 1,04 m hoch, 2,62 m breit und 0,44 m tief. Für den Schultisch und die Glasvitrine ist es damit zu groß. Das Modell könnte also in der Aula aufgestellt werden.

b) Gesamthöhe des Tores: 26 m = 2 600 cm

20 cm im Modell ≙ 2 600 cm in Wirklichkeit

1 cm im Modell ≙ x cm in Wirklichkeit

$1 : x = 20 : 2\,600$

$\frac{1}{x} = \frac{20}{2\,600} \quad \left| \cdot x \cdot 2\,600 \right.$

$2\,600 = 20x \quad |:20$

$x = 130$

Es muss der Maßstab 1 : 130 gewählt werden.

---

108 Berechnung des Streckungsfaktors k:

$k = 2 : 5 = \frac{2}{5} = 0{,}4$

Berechnung der Abstände der Bildpunkte A', B', C' und D' zum Zentrum Z:

$\overline{ZA'} = \overline{ZA} \cdot k = 9 \cdot 0{,}4 = 3{,}6$

$\overline{ZB'} = \overline{ZB} \cdot k = 11 \cdot 0{,}4 = 4{,}4$

$\overline{ZC'} = \overline{ZC} \cdot k = 8 \cdot 0{,}4 = 3{,}2$

$\overline{ZD'} = \overline{ZD} \cdot k = 5 \cdot 0{,}4 = 2{,}0$

Die Bildpunkte A', B', C' und D' werden miteinander verbunden.

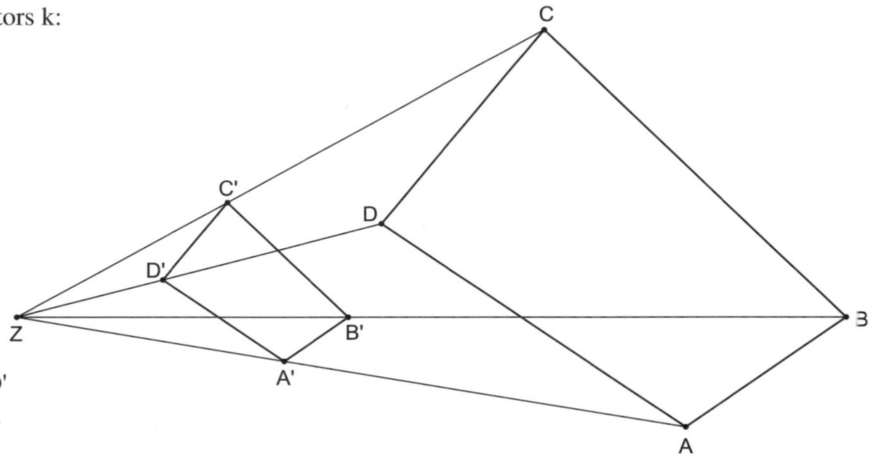

---

109 a)

	wahr	falsch
1. Es wird mit dem Maßstab 200 : 1 vergrößert.	☐	☒
2. Eine Seite des vergrößerten Fotos ist 30 cm lang.	☒	☐
3. Die Fläche des vergrößerten Fotos ist viermal so groß wie vorher.	☒	☐
4. Das vergrößerte Foto passt in einen Bilderrahmen, der die Maße 180 mm × 300 mm hat.	☐	☒

b) 1. Die Seitenlängen sind von 100 % auf 200 % vergrößert worden. Das bedeutet, dass sie verdoppelt worden sind, also ist der Maßstab 200 : 100 oder 2 : 1 und nicht 200 : 1.
Die Aussage ist falsch.

oder

Vergrößerung um 200 % bedeutet: $\frac{200}{100} = \frac{2}{1} = 2 : 1$
Die Aussage ist falsch.

oder

Berechnung des Streckungsfaktors k aus dem Maßstab 200 : 1
$k = 200 : 1 = \frac{200}{1} = 200$
Wäre der Maßstab 200 : 1 richtig, wäre das Foto nach der Vergrößerung 200-mal so groß. Das wäre eine Vergrößerung von 20 000 %.
Die Aussage ist falsch.

2. Die Seitenlängen werden von 100 % auf 200 % vergrößert, also verdoppelt. Eine Seite des Fotos ist vorher 15 cm lang und nach der Vergrößerung (Verdopplung) 30 cm lang.
Die Aussage ist wahr.

3. Flächeninhalt des Fotos vor der Vergrößerung:
   $A = 10 \cdot 15$ (Rechteck)
   $A = 150$
   Die Seitenlängen werden von 100 % auf 200 % vergrößert, also verdoppelt.
   Flächeninhalt des Fotos nach der Vergrößerung:
   $A' = 20 \cdot 30$
   $A' = 600$
   Es gilt: $4 \cdot 150 = 600$
   Die Aussage ist wahr.
   oder
   Wird eine Fläche mit dem Faktor k vergrößert, ändert sich ihr Flächeninhalt um den Faktor k^2. Die Seitenlängen werden von 100 % auf 200 % vergrößert, also verdoppelt. Damit ist $k = 2$.
   Flächeninhalt des Fotos nach der Vergrößerung:
   $A' = k^2 \cdot A$
   $A' = 2^2 \cdot A$
   $A' = 4 \cdot A$
   Die Aussage ist wahr.

4. Die Seitenlängen werden von 100 % auf 200 % vergrößert, also verdoppelt. Die Maße des Bildes sind im Original 10 cm × 15 cm und nach der Vergrößerung doppelt so lang, also 20 cm × 30 cm. Der Rahmen hat die Maße 18 cm × 30 cm. Das vergrößerte Foto passt nicht in den Bilderrahmen, da eine Seite des Bilderrahmens 2 cm zu kurz ist.
   Die Aussage ist falsch.

---

110 Da g und f parallel sind, gilt nach dem 1. Strahlensatz:

$$\frac{6,4}{2,7} \stackrel{?}{=} \frac{8,2}{12-8,2}$$

$2,37037 \neq 2,15789$

Die angegebenen Maße können nicht stimmen.

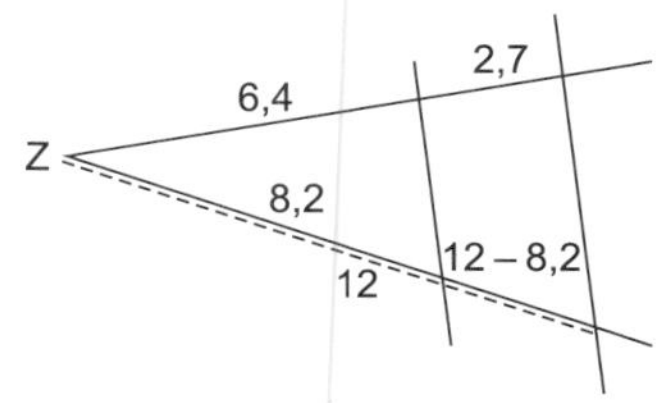

---

111 a) Nach dem 1. Strahlensatz gilt:

$$\frac{35}{x} = \frac{20}{56} \quad | \cdot x \quad | \cdot 56$$

$35 \cdot 56 = 20x$

$20x = 1\,960 \quad |:20$

$x = 98$

Der abgebildete See ist 98 m lang.

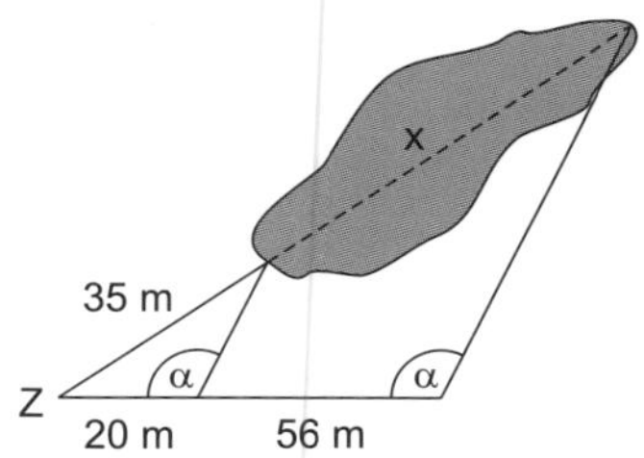

b) Nach dem 2. Strahlensatz gilt:

$$\frac{x}{x+30} = \frac{84}{120} \quad | \cdot (x+30) \quad | \cdot 120$$

$120x = 84(x+30)$

$120x = 84x + 2\,520 \quad | -84x$

$36x = 2\,520 \quad |:36$

$x = 70$

Der abgebildete Fluss ist 70 m breit.

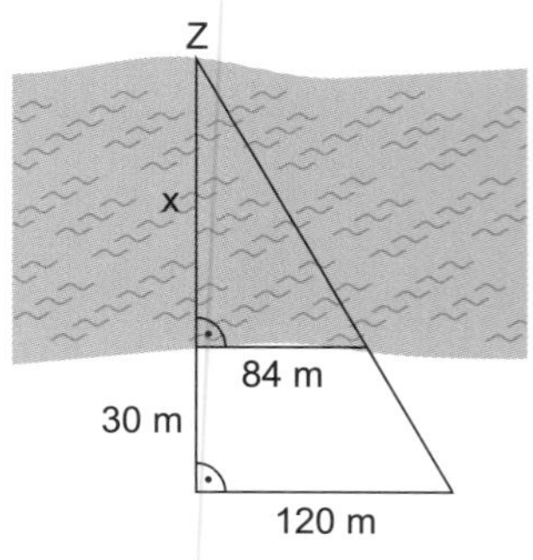

---

112 Berechnung von x mithilfe des 2. Strahlensatzes (mit dem Scheitelpunkt C):

$$\frac{18-x}{18}=\frac{x}{12} \quad \left| \begin{array}{l}\cdot 18\\ \cdot 12\end{array}\right.$$

$$12\cdot(18-x)=18x$$

$$216-12x=18x \quad |+12x$$

$$216=30x \quad |:30$$

$$x=7{,}2$$

Die Strecke x ist 7,2 cm lang.

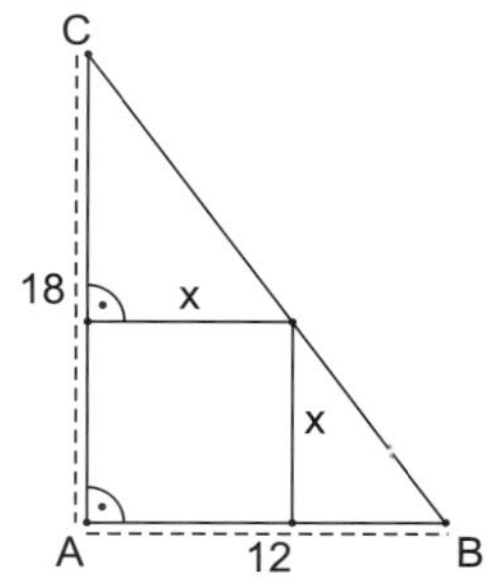

---

113 a) Lösung durch Überlegung:
Da der Glasboden auf halber Höhe der Dachschräge eingesetzt wird, muss auch die Länge des Glasbodens halb so lang wie die Grundseite sein, also 0,8 m : 2 = 0,4 m = 40 cm.
Der richtige Buchstabe lautet also: **C**

oder:

Lösung durch Rechnung:
Nach dem 2. Strahlensatz gilt:

$$\frac{x}{0{,}8}=\frac{0{,}7}{1{,}4} \quad |\cdot 0{,}8$$

$$x=\frac{0{,}8\cdot 0{,}7}{1{,}4}$$

$$x=0{,}4$$

Tim muss einen Glasboden mit 40 cm Länge kaufen.
Der richtige Buchstabe lautet also: **C**

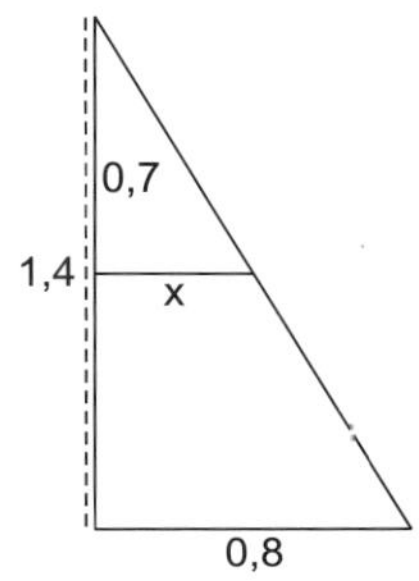

b) 50 cm = 0,5 m
Nach dem 2. Strahlensatz gilt:

$$\frac{x}{1{,}4}=\frac{0{,}5}{0{,}8} \quad |\cdot 1{,}4$$

$$x=\frac{1{,}4\cdot 0{,}5}{0{,}8}$$

$$x=0{,}875$$

Der Glasboden wird 87,5 cm unter der Regalspitze angebracht.
Vom Boden aus gesehen ist das in einer Höhe von 52,5 cm.

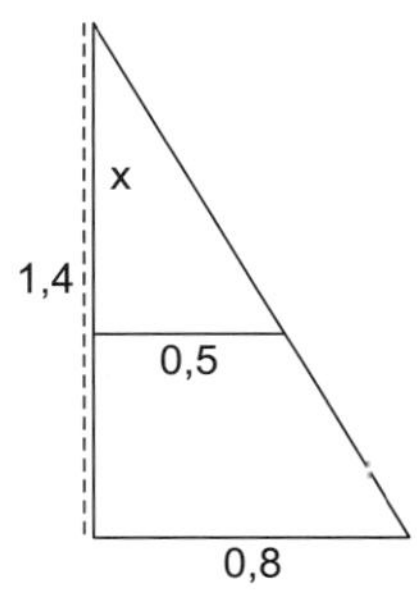

---

114 Alle Einheiten in m:
5 cm = 0,05 m; 60 cm = 0,6 m

Nach dem 2. Strahlensatz gilt:

$$\frac{x}{0{,}6}=\frac{69}{0{,}05} \quad |\cdot 0{,}6$$

$$x=\frac{0{,}6\cdot 69}{0{,}05}$$

$$x=828$$

Ismail steht 828 m von der Siegessäule entfernt.

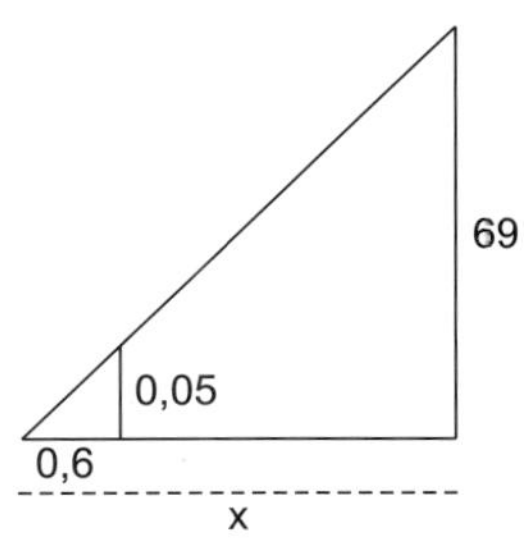

5 Der Satz des Pythagoras

115 a) $7{,}5^2 \overset{?}{=} 6^2 + 4{,}5^2$

$56{,}25 \overset{?}{=} 36 + 20{,}25$

$56{,}25 = 56{,}25$

Die gegebenen Maße stimmen.

b) Weil das Dreieck gleichseitig ist, sind alle Seiten 17 cm lang. Die Höhe halbiert die Seite, auf der sie senkrecht steht.

$17^2 \overset{?}{=} \left(\frac{17}{2}\right)^2 + 15^2$

$17^2 \overset{?}{=} 8{,}5^2 + 15^2$

$289 \overset{?}{=} 72{,}25 + 225$

$289 \neq 297{,}25$

Die gegebenen Maße stimmen nicht.

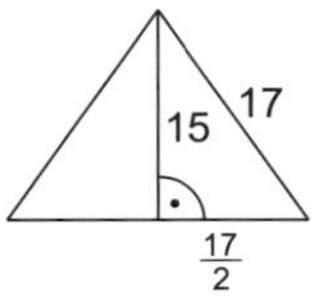

c) In einer Raute halbieren sich die Diagonalen gegenseitig und stehen senkrecht aufeinander.

$25^2 \overset{?}{=} \left(\frac{14}{2}\right)^2 + \left(\frac{48}{2}\right)^2$

$25^2 \overset{?}{=} 7^2 + 24^2$

$625 \overset{?}{=} 49 + 576$

$625 = 625$

Die gegebenen Maße stimmen.

d) $h^2 + \left(\frac{a}{2}\right)^2 = h_a^2$

$15^2 + 8^2 \overset{?}{=} 17^2$

$225 + 64 \overset{?}{=} 289$

$289 = 289$

Die gegebenen Maße stimmen.

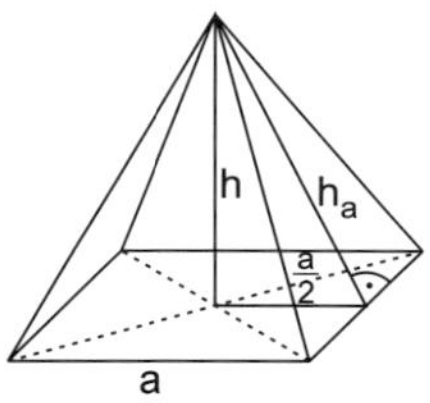

116 Berechnung der Höhe des Bildschirms, also der Länge der zweiten Kathete:

$94^2 = x^2 + 78{,}9^2 \quad | -78{,}9^2$

$x^2 = 94^2 - 78{,}9^2$

$x^2 = 8\,836 - 6\,225{,}21$

$x^2 = 2\,610{,}79 \quad | \sqrt{}$

$x \approx 51{,}1$

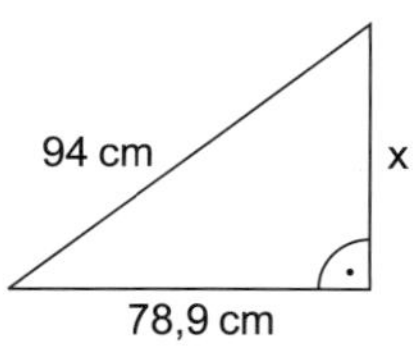

Berechnung der Bildschirmfläche:

$A = a \cdot b$

$A = 78{,}9 \cdot 51{,}1$

$A = 4\,031{,}79$

Die Bildschirmfläche beträgt $4\,031{,}79\ cm^2$ bzw. $40{,}32\ dm^2$.

117 Berechnung der Diagonale des Fensters:

$x^2 = 0{,}8^2 + 1{,}2^2$

$x^2 = 0{,}64 + 1{,}44$

$x^2 = 2{,}08 \quad |\sqrt{\ }$

$x \approx 1{,}4422$

Das Fenster hat eine Diagonale von etwa 1,44 m. Mark kann das Ölbild mit den Maßen 1,40 m × 1,60 m diagonal durch das Fenster reichen. Es bleiben ihm ungefähr 4 cm Spielraum.

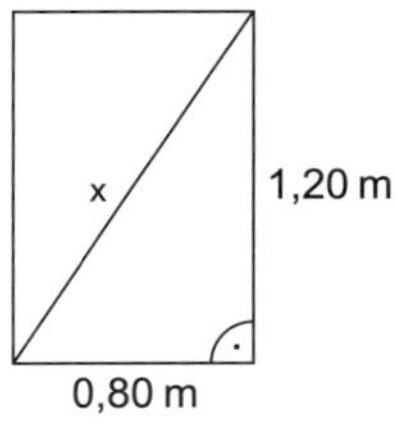

---

118 Berechnung der Flächendiagonale (f):
Die Entfernung des Elfmeterschützen vom ebenerdigen Torpfosten entspricht der Länge der Flächendiagonale f.

$f^2 = \left(\frac{7{,}32}{2}\right)^2 + 11^2$

$f^2 = 3{,}66^2 + 11^2$

$f^2 = 13{,}3956 + 121$

$f^2 = 134{,}3956 \quad |\sqrt{\ }$

$f \approx 11{,}59$

Die Entfernung des Elfmeterschützen zum Eckpfosten beträgt ca. 11,59 m.

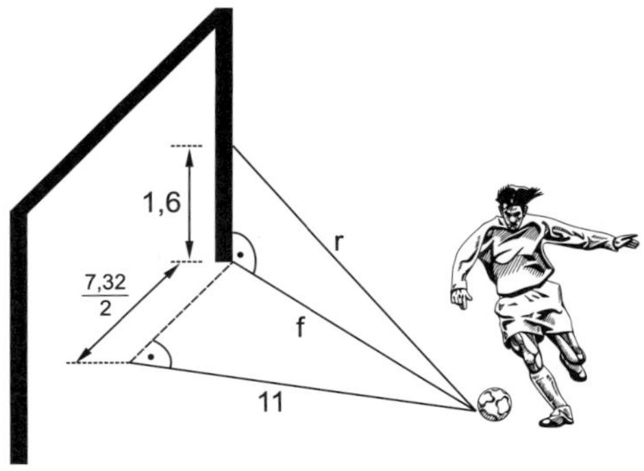

Berechnung der Raumdiagonale (r):
Die Länge der Flugbahn des Balles entspricht der Länge der Raumdiagonale r.

$r^2 = 1{,}6^2 + f^2$

$r^2 = 1{,}6^2 + 11{,}59^2$

$r^2 \approx 2{,}56 + 134{,}33$

$r^2 = 136{,}89 \quad |\sqrt{\ }$

$r \approx 11{,}7$

Bei diesem Schuss fliegt der Ball 11,7 m weit.

6 Trigonometrie

119 a) $\sin\alpha = 0{,}67$
$\alpha = \sin^{-1}(0{,}67)$
$\alpha \approx 42{,}07°$

b) $\cos\beta = 0{,}99$
$\beta = \cos^{-1}(0{,}99)$
$\beta \approx 8{,}11°$

c) $\tan\delta = 5{,}5$
$\delta = \tan^{-1}(5{,}5)$
$\delta \approx 79{,}70°$

---

120 a) Sowohl der Sinus- als auch der Kosinuswert eines Winkels ist der Quotient aus einer Kathete und der Hypotenuse. Da die Hypotenuse immer die längste Seite in einem rechtwinkligen Dreieck ist, teilt man immer eine Zahl durch eine größere Zahl und somit ergibt sich immer ein Wert zwischen 0 und 1.

b) In einem rechtwinkligen Dreieck mit einem 45°-Winkel muss auch die Größe des anderen nicht rechten Winkels 45° betragen (Winkelsumme: $180° - 90° - 45° = 45°$). Es handelt sich hier also um ein gleichschenkliges Dreieck, in dem die Katheten die gleiche Länge haben, d. h. der Quotient aus Gegenkathete und Ankathete ($= \tan\alpha$) ergibt immer 1.

---

121 a) Berechnung von x:

$\cos 55° = \frac{18}{x} \quad |\cdot x$
$\cos 55° \cdot x = 18 \quad |: \cos 55°$
$x = \frac{18}{\cos 55°}$
$x \approx 31{,}38$

Berechnung von y:

$\tan 55° = \frac{y}{18} \quad |\cdot 18$
$\tan 55° \cdot 18 = y$
$y \approx 25{,}71$

Ergebnis: x = 31,38 cm; y = 25,71 cm

b) Teildreieck:

$\sin\alpha = \frac{6}{14}$
$\alpha \approx 25{,}38°$

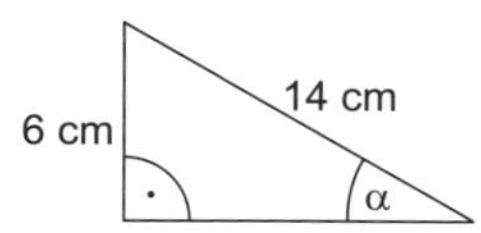

Ganzes Dreieck:
Berechnung von x:

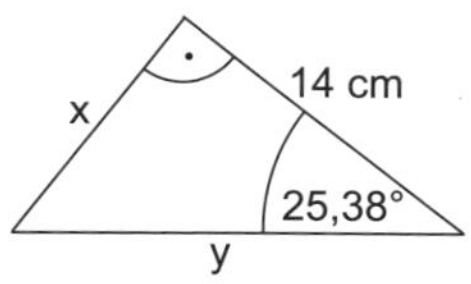

$\tan 25{,}38° = \frac{x}{14} \quad |\cdot 14$
$\tan 25{,}38° \cdot 14 = x$
$x \approx 6{,}64$

Berechnung von y:

$\cos 25{,}38° = \frac{14}{y} \quad |\cdot y$
$\cos 25{,}38° \cdot y = 14 \quad |: \cos 25{,}38°$
$y = \frac{14}{\cos 25{,}38°}$
$y \approx 15{,}5$

Ergebnis: x = 6,64 cm; y = 15,5 cm; α = 25,38°

c) Achtung: Das Dreieck ist nicht rechtwinklig, denn $\gamma = 180° - 40° - 40° = 100°$!
Da $\alpha = \beta = 40°$ handelt es sich um ein gleichschenkliges Dreieck, d. h. $a = b$.
Die Höhe h_c halbiert die Seite c und zerlegt das Dreieck in zwei rechtwinklige Teildreiecke.

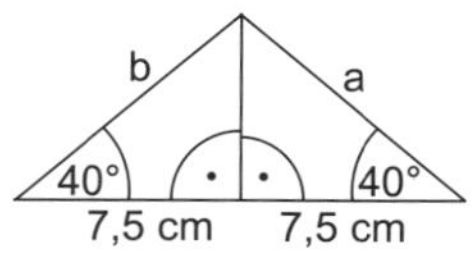

$$\cos 40° = \frac{7,5}{a} \qquad |\cdot a$$
$$\cos 40° \cdot a = 7,5 \qquad |:\cos 40°$$
$$a = \frac{7,5}{\cos 40°}$$
$$a \approx 9,79$$

Ergebnis: a = 9,79 cm; b = 9,79 cm

d) Die Figur ist eine Raute. Die Diagonalen halbieren sich gegenseitig und die Winkel α und β.
Teildreieck:
Berechnung von a mit dem Satz von Pythagoras:

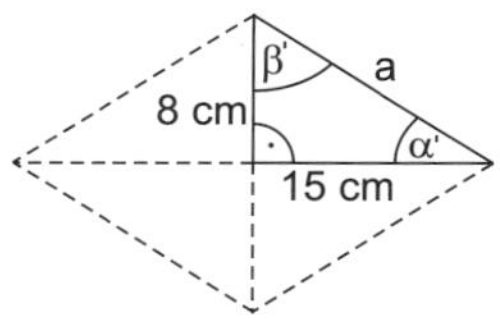

$$a^2 = 15^2 + 8^2$$
$$a^2 = 289 \qquad |\sqrt{\ }$$
$$a = 17$$

Berechnung von α:

$$\tan \alpha' = \frac{8}{15}$$
$$\alpha' \approx 28,07° \quad \Rightarrow \quad \alpha = 56,14°$$

Berechnung von β:

$\beta' = 180° - 90° - 28,07°$ Winkelsumme im Dreieck

$\beta' = 61,93° \quad \Rightarrow \quad \beta = 123,86°$

oder

$$\tan \beta' = \frac{15}{8}$$
$$\beta' \approx 61,93° \quad \Rightarrow \quad \beta = 123,86°$$

Ergebnis: a = 17 cm; $\alpha = 56,14°$; $\beta = 123,86°$

---

122 a) Die Leiter erreicht die größte Höhe, wenn sie mit dem größtmöglichen Neigungswinkel von 75° angestellt wird. Zu berechnen ist, welche Höhe mit dem nutzbaren Teil der Leiter (5,35 m – 1 m = 4,35 m) bei diesem Neigungswinkel erreicht wird.

Berechnung von h:

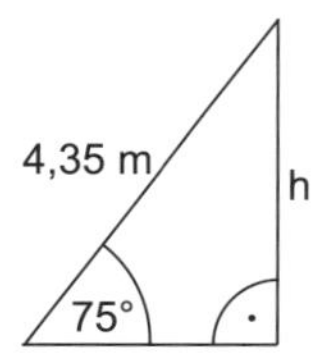

$$\sin 75° = \frac{h}{4,35} \qquad |\cdot 4,35$$
$$\sin 75° \cdot 4,35 = h$$
$$h \approx 4,20$$

Die Leiter reicht gerade aus, wenn sie mit einem Neigungswinkel von 75° aufgestellt wird.

b) Berechnung von x:

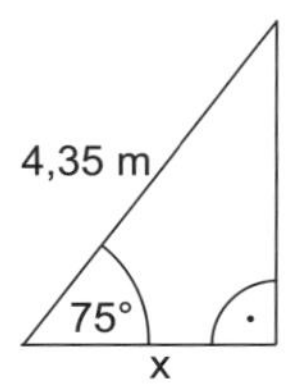

$$\cos 75° = \frac{x}{4,35} \qquad |\cdot 4,35$$
$$\cos 75° \cdot 4,35 = x$$
$$x \approx 1,13$$

Das untere Leiterende steht 1,13 m von der Wand entfernt.

☐ 1,9 m ☐ 1,55 m ☒ 1,13 m

123 Zu einer Steigung von 100 % gehört der Steigungswinkel von 45° (und nicht 90°, wie oft angenommen wird), denn auf 100 m Länge wird eine Höhe von 100 m überwunden.

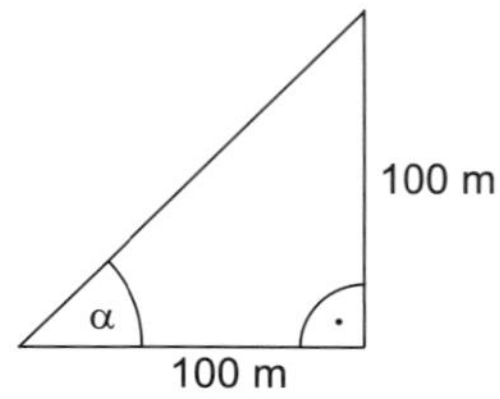

100 %: $\tan\alpha = \frac{100}{100}$

$\alpha = 45°$

Bei einer Steigung von 84 % wird auf 100 m Länge eine Höhe von 84 m überwunden. Der Steigungswinkel beträgt:

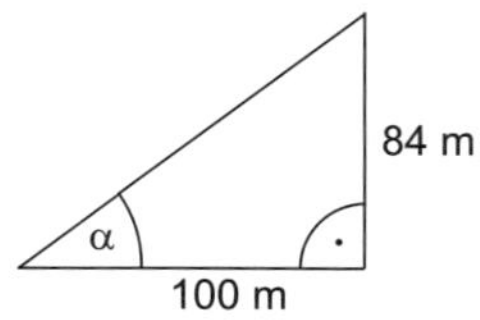

84 %: $\tan\alpha = \frac{84}{100}$

$\alpha \approx 40{,}03°$

Lena hat nicht geschwindelt.

---

124 Gesucht: α, β, γ, δ, A

Im gleichschenkligen Trapez ist $\alpha = \beta$ und $\gamma = \delta$.

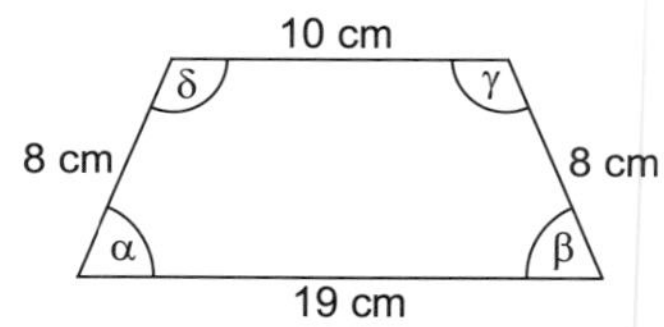

Durch Einzeichnen der Höhe h findet man ein rechtwinkliges Dreieck:

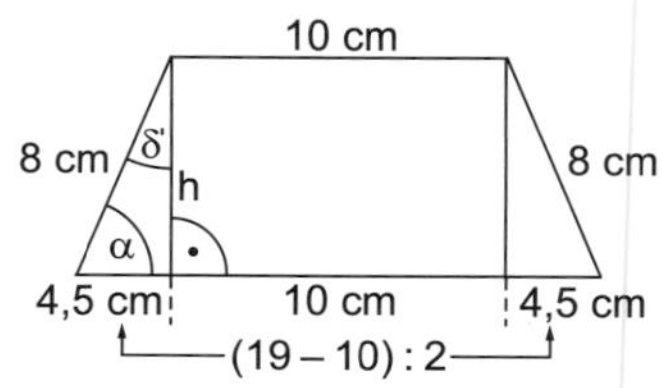

Berechnung von α:

$\cos\alpha = \frac{4{,}5}{8}$

$\alpha \approx 55{,}77°$

Berechnung von δ:

$\sin\delta' = \frac{4{,}5}{8}$

$\delta' \approx 34{,}23°$

$\delta = 90° + 34{,}23°$

$\delta = 124{,}23°$

Berechnung der Höhe h mit dem Satz von Pythagoras:

$4{,}5^2 + h^2 = 8^2 \quad |-4{,}5^2$

$h^2 = 8^2 - 4{,}5^2 \quad |\sqrt{\ }$

$h \approx 6{,}61$

Berechnung des Flächeninhaltes A:

$A = \frac{1}{2}(a + c) \cdot h$

$A = \frac{1}{2}(19 + 10) \cdot 6{,}61$

$A = \frac{1}{2} \cdot 29 \cdot 6{,}61$

$A = 95{,}85$

Ergebnis: $\alpha = 55{,}77°$; $\beta = 55{,}77°$; $\gamma = 124{,}23°$; $\delta = 124{,}23°$; $A = 95{,}85\ \text{cm}^2$

---

125 Planskizze:

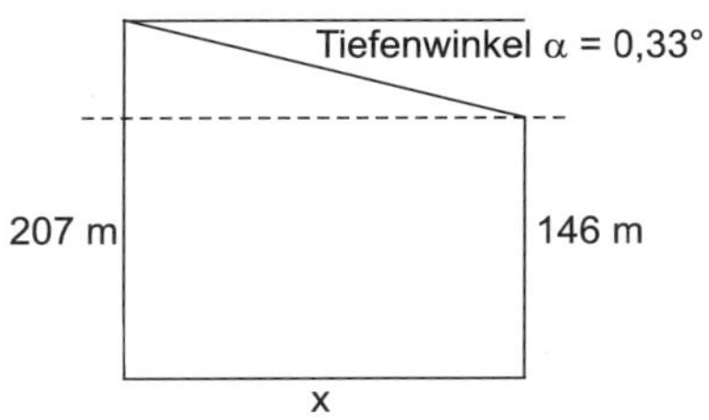

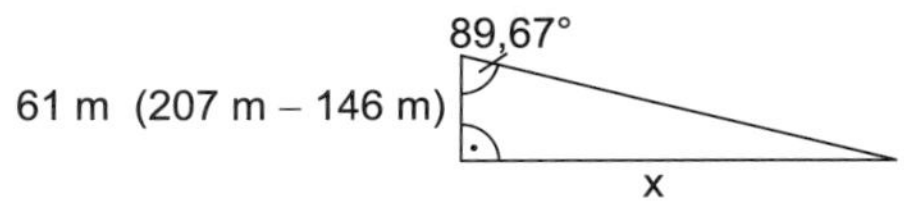

Berechnung von x:

$$\tan 89{,}67° = \frac{x}{61} \qquad |\cdot 61$$

$$x = 10\,590{,}92$$

Der Funkturm ist ungefähr 10,59 km vom Fernsehturm entfernt.

---

126 a) Gegeben: WWS → Anwendung des Sinussatzes

Berechnung der Länge der Strecke x:

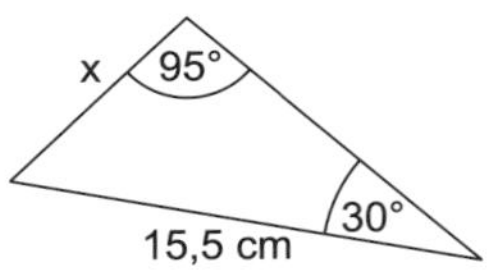

$$\frac{15{,}5}{\sin 95°} = \frac{x}{\sin 30°} \qquad |\cdot \sin 30°$$

$$x = \frac{15{,}5 \cdot \sin 30°}{\sin 95°}$$

$$x \approx 7{,}78$$

Die Länge der Strecke x beträgt 7,78 cm.

Berechnung des fehlenden Winkels mit der Winkelsumme im Dreieck:

$\alpha = 180° - 95° - 30°$

$\alpha = 55°$

Flächeninhalt des Dreiecks:

$$A = \frac{1}{2} \cdot 15{,}5 \cdot x \cdot \sin \alpha$$

$$A = \frac{1}{2} \cdot 15{,}5 \cdot 7{,}78 \cdot \sin 55°$$

$$A \approx 49{,}4$$

b) Gegeben: WSW → Anwendung des Sinussatzes

Berechnung des fehlenden Winkels mit der Winkelsumme im Dreieck:

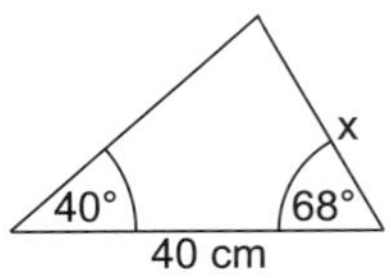

$\gamma = 180° - 40° - 68°$

$\gamma = 72°$

Berechnung der Länge der Strecke x:

$$\frac{40}{\sin 72°} = \frac{x}{\sin 40°} \qquad |\cdot \sin 40°$$

$$x = \frac{40 \cdot \sin 40°}{\sin 72°}$$

$$x \approx 27{,}03$$

Die Länge der Strecke x beträgt 27,03 cm.

Flächeninhalt des Dreiecks:

$$A = \frac{1}{2} \cdot 40 \cdot x \cdot \sin 68$$

$$A = \frac{1}{2} \cdot 40 \cdot 27{,}03 \cdot \sin 68$$

$$A \approx 501{,}2$$

c) Gegeben: SWS → Anwendung des Kosinussatzes

Berechnung der Länge der Strecke x:

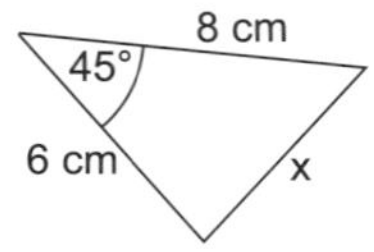

$x^2 = 6^2 + 8^2 - 2 \cdot 6 \cdot 8 \cdot \cos 45°$

$x^2 = 36 + 64 - 67{,}88$

$x^2 = 32{,}12 \qquad |\sqrt{\ }$

$x \approx 5{,}67$

Die Länge der Strecke x beträgt 5,67 cm.

Flächeninhalt des Dreiecks:

$A = \frac{1}{2} \cdot 8 \cdot 6 \cdot \sin 45$

$A \approx 17{,}0$

---

127 Bestimmung aller Winkel im Teildreieck I:

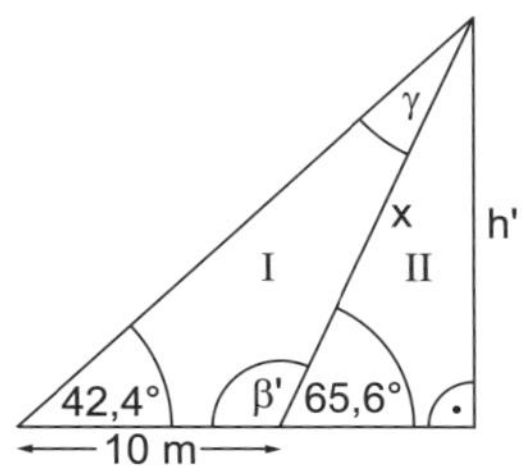

$\beta' = 180° - 65{,}6°$ Nebenwinkel

$\beta' = 114{,}4°$

$\gamma = 180° - 42{,}4° - 114{,}4°$

$\gamma = 23{,}2°$

Berechnung von x:

Gegeben: WSW → Sinussatz

$\frac{10}{\sin 23{,}2°} = \frac{x}{\sin 42{,}4°} \qquad | \cdot \sin 42{,}4°$

$x = \frac{10 \cdot \sin 42{,}4°}{\sin 23{,}2°}$

$x \approx 17{,}12$

Berechnung von h' im Teildreieck II:

Gegeben: rechtwinkliges Dreieck mit einem Winkel und einer Seite

$\sin\beta = \frac{\text{Gegenkathete}}{\text{Hypotenuse}}$

$\sin\beta = \frac{h'}{x}$

$\sin 65{,}6° = \frac{h'}{17{,}12} \qquad | \cdot 17{,}12$

$h' = \sin 65{,}6° \cdot 17{,}12$

$h' \approx 15{,}59$

Berechnung von h:

$h = 15{,}59 + 1{,}6 = 17{,}19$

Die Kletterwand ist 17,19 m hoch.

---

128 Berechnung von x:

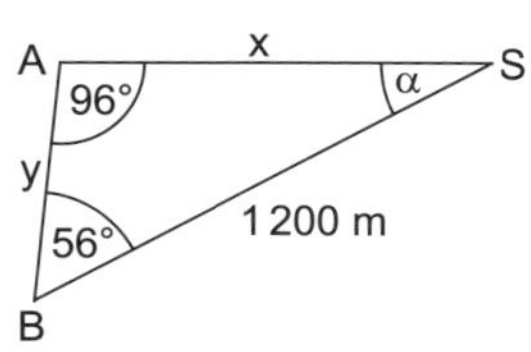

Gegeben: WWS → Sinussatz

$\frac{1\,200}{\sin 96°} = \frac{x}{\sin 56°} \qquad | \cdot \sin 56°$

$\frac{1\,200 \cdot \sin 56°}{\sin 96°} = x$

$x \approx 1\,000{,}32$

Berechnung von y:

Winkelsumme im Dreieck:

$\alpha = 180° - 96° - 56°$

$\alpha = 28°$

Gegeben: WWS $\rightarrow$ Sinussatz

$$\frac{1\,200}{\sin 96^\circ} = \frac{y}{\sin 28^\circ} \qquad |\cdot \sin 28^\circ$$

$$\frac{1\,200 \cdot \sin 28^\circ}{\sin 96^\circ} = y$$

$$y \approx 566{,}47$$

Länge der Gesamtstrecke:
$1\,200 + 1\,000{,}32 + 566{,}47 = 2\,766{,}79$

Die Schwimmstrecke ist rund 167 m länger als die tatsächliche Wettkampfstrecke.

129

$$a^2 = b^2 + c^2 - 2 \cdot b \cdot c \cdot \cos\alpha \qquad |-b^2 - c^2$$

$$a^2 - b^2 - c^2 = -2 \cdot b \cdot c \cdot \cos\alpha \qquad |:(-2 \cdot b \cdot c)$$

$$\frac{a^2 - b^2 - c^2}{-2 \cdot b \cdot c} = \cos\alpha$$

$$\cos\alpha = \frac{a^2 - b^2 - c^2}{-2 \cdot b \cdot c}$$

---

130 Berechnung von y im Teildreieck I:
Gegeben: Winkel und Seite im rechtwinkligen Dreieck

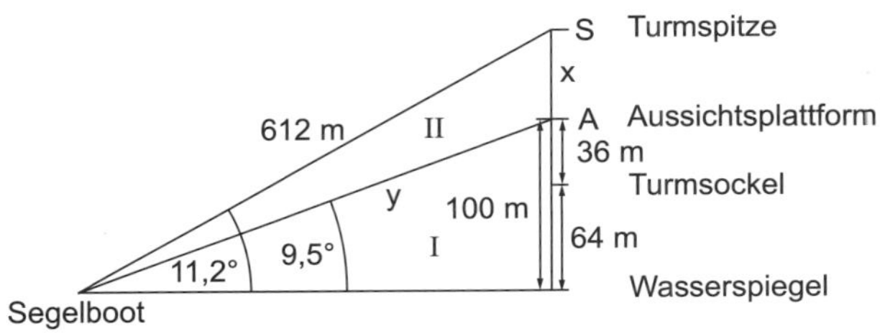

$$\sin\alpha = \frac{\text{Gegenkathete}}{\text{Hypotenuse}}$$

$$\sin 9{,}5^\circ = \frac{100}{y} \qquad |\cdot y \quad |:\sin 9{,}5^\circ$$

$$y = \frac{100}{\sin 9{,}5^\circ}$$

$$y \approx 605{,}89$$

Berechnung von x im Teildreieck II:
$\alpha = 11{,}2^\circ - 9{,}5^\circ$
$\alpha = 1{,}7^\circ$

Gegeben: SWS $\rightarrow$ Kosinussatz
$x^2 = 612^2 + 605{,}89^2 - 2 \cdot 612 \cdot 605{,}89 \cdot \cos 1{,}7^\circ$
$x^2 = 363{,}74 \qquad |\sqrt{\ }$
$x \approx 19{,}07$

oder

Gegeben: Winkel und zwei Seiten im rechtwinkligen Dreieck

$$\sin\alpha = \frac{\text{Gegenkathete}}{\text{Hypotenuse}}$$

$$\sin 11{,}2^\circ = \frac{100 + x}{612} \qquad |\cdot 612$$

$$\sin 11{,}2^\circ \cdot 612 = 100 + x \qquad |-100$$

$$\sin 11{,}2^\circ \cdot 612 - 100 = x$$

$$x \approx 18{,}87$$

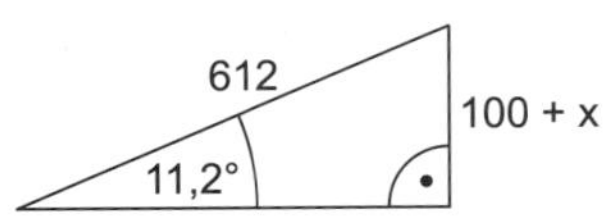

Hinweis: Die unterschiedlichen Ergebnisse für x sind die Folge von Rundungen.

Höhe des Turmes:
$x + 36 = 19 + 36 = 55$

Der Grunewaldturm ist 55 m hoch.

131

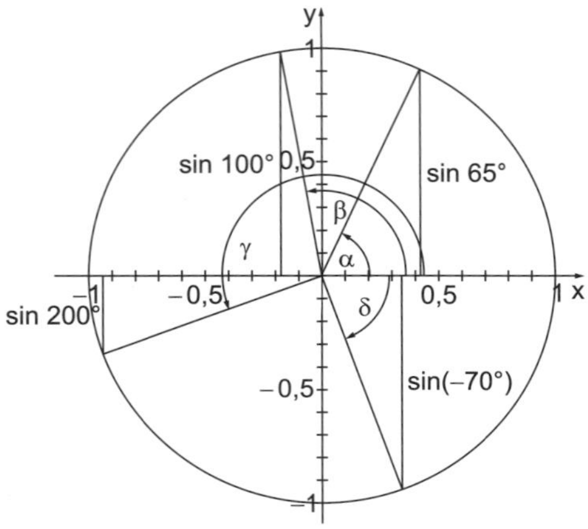

Durch Ablesen:

a) $\sin 65° \approx 0{,}9$; $\cos 65° \approx 0{,}45$

b) $\sin 100° \approx 1{,}0$; $\cos 100° \approx 0{,}2$

c) $\sin 200° \approx -0{,}35$; $\cos 200° \approx -0{,}95$

d) $\sin(-70°) \approx -0{,}95$; $\cos(-70°) \approx 0{,}35$

Taschenrechner:

a) $\sin 65° \approx 0{,}91$; $\cos 65° \approx 0{,}42$

b) $\sin 100° \approx 0{,}98$; $\cos 100° \approx 0{,}17$

c) $\sin 200° \approx -0{,}34$; $\cos 200° \approx -0{,}94$

d) $\sin(-70°) \approx -0{,}94$; $\cos(-70°) \approx 0{,}34$

---

132 a) 120°

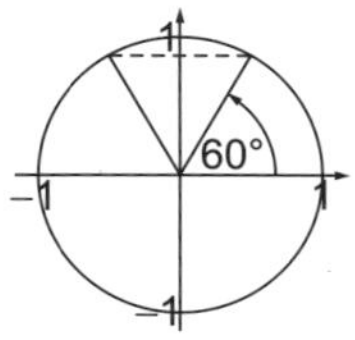

b) 80°

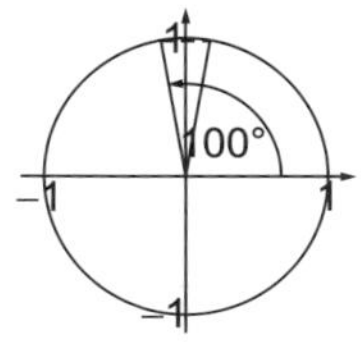

c) 310°

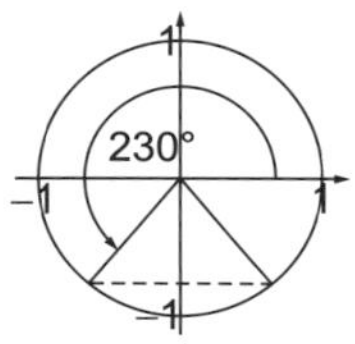

d) 150° und 30°

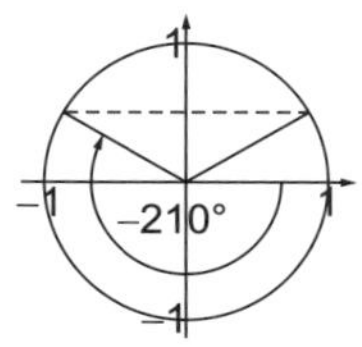

---

133 a) 300°

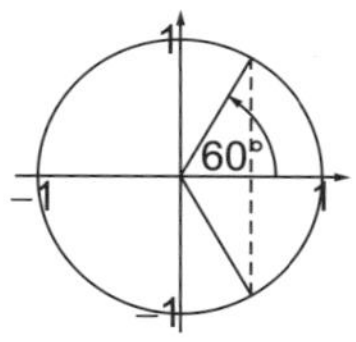

b) 260°

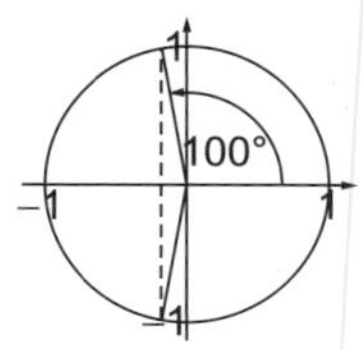

c) 130°

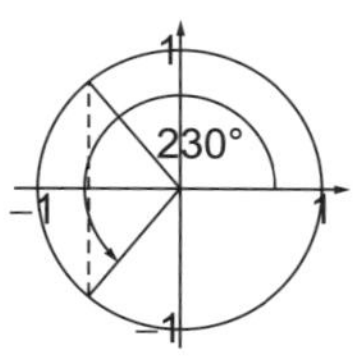

d) 150° und 210°

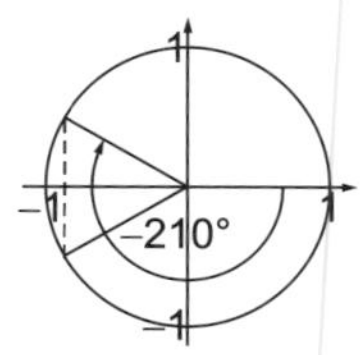

---

134 a) sin 15° [=] sin 165°

b) cos 40° [≠] cos 220°

c) sin 90° [≠] sin (–90°)

d) sin (–180°) [=] sin 180°

e) cos 60° [=] cos (–60°)

f) sin 200° [=] sin (–20°)

135

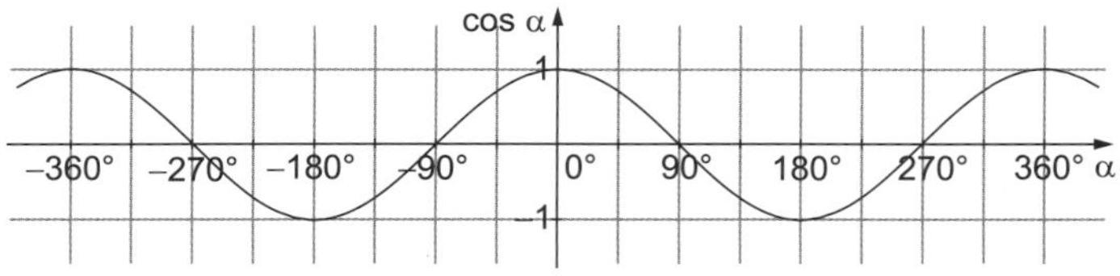

Die Nullstellen liegen bei –270°, –90°, 90° und 270°.
Alle Nullstellen liegen bei $90° + \text{ein Vielfaches von } 180°$, also bei $90° + 0 \cdot 180°$, $90° - 0 \cdot 180°$, $90° + 1 \cdot 180°$, $90° - 1 \cdot 180°$, $90° + 2 \cdot 180°$ usw. Da der Graph der Kosinusfunktion symmetrisch zur y-Achse ist, weisen auch die Nullstellen diese Symmetrie auf: 90°, –90°; 270°, –270°.

136

a) Die Formveränderung des Mondes innerhalb eines Jahres ist ein periodischer Vorgang, weil sich innerhalb einer bestimmtem Periode (Mondumdrehung um die Erde, die ca. 30 Tage dauert) die Form des Mondes wiederholt:
Neumond – Halbmond (zunehmend) – Vollmond – Halbmond (abnehmend) – Neumond

b) Die mündliche Mitarbeit eines Schülers an einem Schultag ist kein periodischer Vorgang, weil die mündliche Mitarbeit abhängig ist vom Interesse am jeweiligen Unterrichtsfach, der persönlichen Motivation, äußeren Störfaktoren etc.

c) Das Verkehrsaufkommen auf dem Berliner Stadtring in einer Arbeitswoche ist ein periodischer Vorgang, weil an jedem Werktag das Verkehrsaufkommen in der Zeit von 7–9 und 15–18 Uhr auffällig steigt.

d) Die Gewichtszunahme im ersten Lebensjahr ist kein periodischer Vorgang, weil es keine sich wiederholenden Schwankungen gibt.

137

a) Die graphische Darstellung zeigt die Tagesleistungskurve von Jugendlichen. Jeder Tageszeit wird eine bestimmte Leistungsbereitschaft zugeordnet. Nach dieser Kurve erreichen Jugendliche vormittags um 10.30 Uhr ein Höchstmaß an Leistungsbereitschaft, die bis nachmittags um 16.30 Uhr abnimmt. Danach steigt die Leistungsbereitschaft wieder leicht an bis 21 Uhr und fällt dann rapide ab. Nach dem absoluten Leistungstief um 3–4 Uhr steigt die Leistungsbereitschaft stetig an bis 10.30 Uhr.

b) Auf der x-Achse sind die Uhrzeiten eines ganzen Tages aufgetragen (24 Stunden). Mit jedem neuen Tag ergeben sich also die gleichen Schwankungen der Leistungsbereitschaft, deshalb ist die Funktion periodisch.

c) Die Länge einer Periode beträgt 24 Stunden.

d) Die Nullstellen liegen bei 6 Uhr und 23 Uhr. Dazwischen liegt die Zeit, in der die Leistungsbereitschaft über null liegt, d. h. dass ein Jugendlicher in dieser Zeit Leistung erbringen kann. In der Zeit zwischen 23 Uhr und 6 Uhr liegt die Leistungsbereitschaft unter null (Schlaf).

7 Körper

138 Volumen:

$V = G \cdot h$

$V = \frac{1}{2} \cdot 6 \cdot 8 \cdot 6$

$V = 144$

Die Grundfläche ist ein rechtwinkliges Dreieck ($6^2 + 8^2 = 10^2$): $G = \frac{1}{2} \cdot 6 \cdot 8$

Oberfläche:

$O = 2 \cdot G + M$

$O = 2 \cdot \frac{1}{2} \cdot 6 \cdot 8 + 6 \cdot (10 + 8 + 6)$

$O = 192$

Das Volumen des Prismas beträgt 144 cm^3 und die Oberfläche 192 cm^2.

---

139 Gegeben: $a = 50$ cm; $c = 70$ cm; $h_T = 3{,}5$ dm $= 35$ cm; $\ell = 10$ dm $= 100$ cm

Volumen eines Trogs:

$V = G \cdot h$

$V = \frac{a + c}{2} \cdot h_T \cdot \ell$

$V = \frac{50 + 70}{2} \cdot 35 \cdot 100$

$V = 210\,000$

Das Fassungsvermögen von einem Trog beträgt 210 000 $cm^3 = 210$ dm^3.
$210 \cdot 25 \cdot 2 = 10\,500$ (dm^3)

Es werden täglich 10,5 m^3 Kraftfutter benötigt.

---

140 a) Bisher verwendeter Karton:

Volumen:	Oberfläche:
$V = a \cdot b \cdot h$	$O = 2(ab + ah + bh)$
$V = 9 \cdot 6 \cdot 19$	$O = 2 \cdot (9 \cdot 6 + 9 \cdot 19 + 6 \cdot 19)$
$V = 1\,026$	$O = 678$

Der bisher verwendete Karton hat eine Oberfläche von 678 cm^2. Das Volumen beträgt 1 026 $m\ell$ (1 026 cm^3).

Würfel:

Kantenlänge:	Oberfläche:
$V = a^3$	$O = 6a^2$
$1\,026 = a^3$	$O = 6 \cdot 10{,}09^2$
$a = \sqrt[3]{1\,026}$	$O \approx 610{,}85$
$a \approx 10{,}09$	

Die würfelförmige Verpackung hat eine Oberfläche von 610,85 cm^2.

Quadratische Säule:

Höhe:	Oberfläche:
$V = a^2 \cdot h$	$O = 2 \cdot G + M$
$1\,026 = 49 \cdot h$	$O = 2a^2 + 4ah$
$h \approx 20{,}94$	$O = 2 \cdot 7^2 + 4 \cdot 7 \cdot 20{,}94$
	$O = 684{,}32$

Wählt man die quadratische Säule als Verpackung, so ergibt sich eine Oberfläche von 684,32 cm^2.

Zylinder:

Es gilt: $d = h$ bzw. $2r = h$

Radius:

$V = \pi \cdot r^2 \cdot h$

$1\,026 = \pi \cdot r^2 \cdot 2r$

$1\,026 = 2\pi \cdot r^3 \quad |:2\pi$

$r^3 = \frac{1\,026}{2\pi} \quad |\sqrt[3]{\ }$

$r = \sqrt[3]{\frac{1\,026}{2\pi}}$

$r \approx 5{,}47$

Oberfläche:

$O = 2 \cdot G + M$

$O = 2\pi \cdot r^2 + 2\pi \cdot r \cdot h$

$O = 2\pi \cdot r^2 + 2\pi \cdot r \cdot 2r$

$O = 2\pi \cdot r^2 + 4\pi \cdot r^2$

$O = 6\pi \cdot r^2$

$O = 6\pi \cdot 5{,}47^2$

$O \approx 563{,}00$

Eine zylinderförmige Verpackung hat eine Oberfläche von 563 cm^2.

b) Der Materialverbrauch ist bei einer zylinderförmigen Verpackung am niedrigsten. Trotz des geringeren Verbrauchs sollte sich die Firma nicht für die zylinderförmige Verpackung entscheiden, da diese schlecht zu greifen und damit unpraktisch zu handhaben ist.
Die würfelförmige Verpackung dürfte kaum in das Seitenfach eines Kühlschrankes passen und dürfte ebenfalls mit einer Hand schlecht zu greifen sein.
Da die quadratische Säule eine größere Oberfläche als die bisherige Verpackung hat, sollte die Firma bei der bisherigen Verpackung bleiben.

---

141 $a = 29{,}7$ cm; $b = 21$ cm

Zylinder I:

$u_1 = a; \quad h_1 = b$

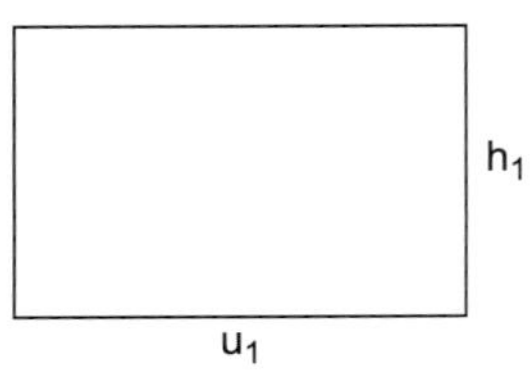

Berechnung des Radius:

$u_1 = 2\pi \cdot r_1$

$29{,}7 = 2\pi \cdot r_1 \quad |:2\pi$

$r_1 = \frac{29{,}7}{2\pi}$

$r_1 \approx 4{,}73$

Berechnung des Volumens:

$V_1 = \pi \cdot r_1^2 \cdot h_1$

$V_1 = \pi \cdot 4{,}73^2 \cdot 21$

$V_1 \approx 1\,476{,}02$

Zylinder II:

$u_2 = b; \quad h_2 = a$

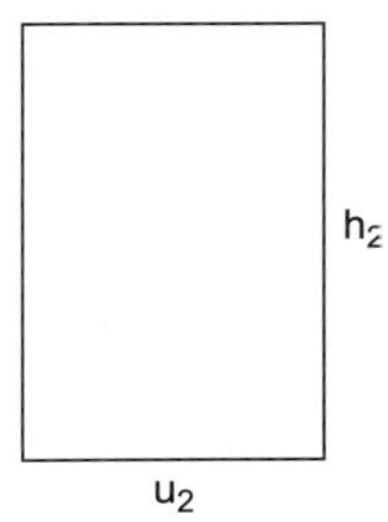

Berechnung des Radius:

$u_2 = 2\pi \cdot r_2$

$21 = 2\pi \cdot r_2 \quad |:2\pi$

$r_2 = \frac{21}{2\pi}$

$r_2 \approx 3{,}34$

Berechnung des Volumens:

$V_2 = \pi \cdot r_2^2 \cdot h_2$

$V_2 = \pi \cdot 3{,}34^2 \cdot 29{,}7$

$V_2 \approx 1\,040{,}88$

Der niedrigere Zylinder hat mit ca. 1 476 cm^3 das größere Volumen.

---

142 $r_1 = 0{,}7$ m; $r_2 = 0{,}6$ m

Volumen des Hohlkörpers:

$V = \pi \cdot (r_1^2 - r_2^2) \cdot h$

$V = \pi \cdot (0{,}7^2 - 0{,}6^2) \cdot 3{,}5$

$V \approx 1{,}43$

Die Betonröhre hat ein Volumen von 1,43 m^3.

Masse des Hohlkörpers $\left(\frac{g}{cm^3} \mathrel{\hat{=}} \frac{kg}{dm^3} \mathrel{\hat{=}} \frac{t}{m^3}\right)$:

$m = V \cdot \rho$

$m = 1{,}43 \cdot 2{,}5$

$m \approx 3{,}58$

Der Kran kann die Röhre nicht heben, da sie 3,58 t wiegt. Der Auszubildende hatte recht.

143 r = 0,005 mm = 0,0005 cm

$\rho = 19{,}1\,\frac{g}{cm^3}$

m = 1 g

Das Volumen des Drahts lässt sich über seine Masse bestimmen:

$m = V \cdot \rho \quad |:\rho$

$V = \frac{m}{\rho}$

$V = \frac{1}{19{,}1}$

Gleichsetzen mit der Volumenformel des Zylinders:

$\pi \cdot r^2 \cdot h = \frac{1}{19{,}1} \qquad |:(\pi \cdot r^2)$

$h = \frac{1}{19{,}1 \cdot \pi \cdot r^2}$

$h = \frac{1}{19{,}1 \cdot \pi \cdot 0{,}0005^2}$

$h \approx 66\,661{,}76\ (cm)$

Ein 1 g schwerer Draht hat eine Länge von etwa 666,62 m.

---

144 Gegeben: a = 30 m; s = 25 m

Gesucht: h_a; M

Berechnung von h_a:

$s^2 = \left(\frac{a}{2}\right)^2 + h_a^2 \qquad \left| -\left(\frac{a}{2}\right)^2 \right.$

$h_a^2 = s^2 - \left(\frac{a}{2}\right)^2 \qquad |\sqrt{\ }$

$h_a = \sqrt{25^2 - 15^2}$

$h_a = 20$

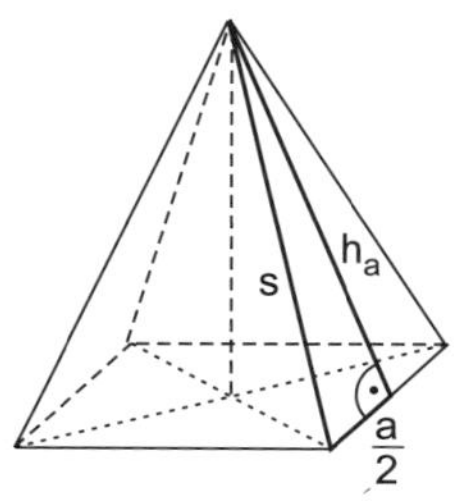

Berechnung des Mantels:

$M = 4 \cdot \frac{1}{2} \cdot a \cdot h_a$

$M = 2 \cdot 30 \cdot 20$

$M = 1\,200$

Der Redakteur hat übertrieben, denn die Glasfläche der Eingangspyramide beträgt nur 1 200 m².

---

145 Gegeben: $V = \frac{1}{4}\,\ell = 250\ cm^3$;

a = 10 cm, da 3 Päckchen eine Länge von 30 cm haben und 2 Päckchen eine Länge von 20 cm

Gesucht: h; h_a; O

Berechnung von h:

$V = \frac{1}{3} a^2 \cdot h$

$250 = \frac{1}{3} \cdot 10^2 \cdot h \qquad \left| \cdot \frac{3}{100} \right.$

$h = \frac{250 \cdot 3}{100}$

$h = 7{,}5$

Berechnung von h_a:

$h_a^2 = \left(\frac{a}{2}\right)^2 + h^2$

$h_a^2 = 5^2 + 7{,}5^2 \quad |\sqrt{\ }$

$h_a = \sqrt{81{,}25}$

$h_a \approx 9{,}01$

Berechnung von O:

$O = a^2 + 4 \cdot \frac{1}{2} a \cdot h_a$

$O = 10^2 + 2 \cdot 10 \cdot 9{,}01$

$O = 100 + 180{,}2$

$O = 280{,}2$

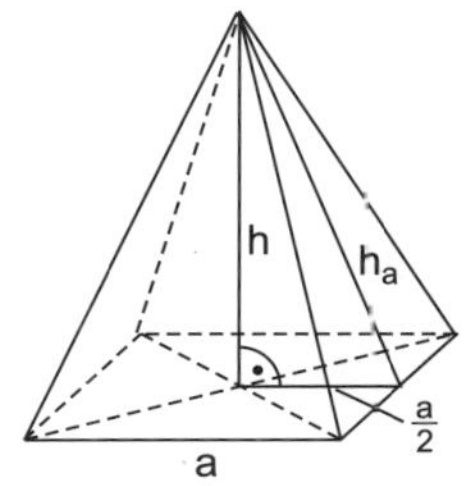

Hinzurechnen des Verschnitts:
$280{,}2 \cdot 1{,}05 = 294{,}21$

Der Materialbedarf für ein Trinkpäckchen beträgt ca. 294 cm².

146 a) Gegeben: $a = 4$ cm; $b = 2$ cm; $V = 8$ cm³

Tim muss die Seitenhöhen h_a und h_b berechnen, damit er das Netz der Pyramide aufzeichnen und sie dann ausschneiden und zusammenfalten kann. Zur Bestimmung der Seitenhöhen muss er außerdem noch die Höhe h der Pyramide berechnen.

Berechnung der Höhe:

$V = \frac{1}{3} \cdot a \cdot b \cdot h$

$8 = \frac{1}{3} \cdot 4 \cdot 2 \cdot h \quad \left| \cdot \frac{3}{8} \right.$

$\frac{8 \cdot 3}{8} = h$

$h = 3$

Schrägbild:

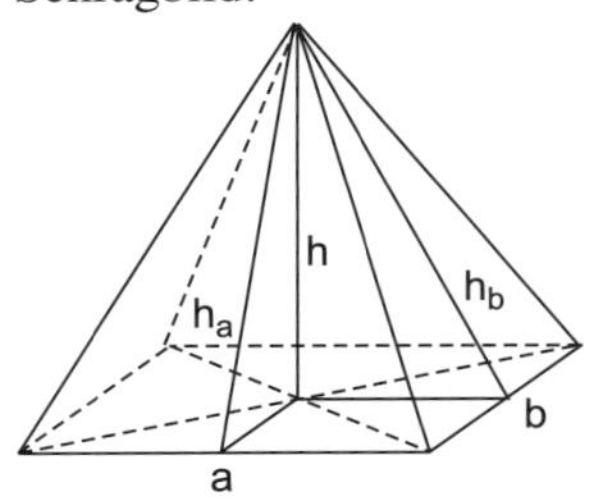

Berechnung von h_a:

$h_a^2 = \left(\frac{b}{2}\right)^2 + h^2 \quad |\sqrt{\ }$

$h_a = \sqrt{1^2 + 3^2}$

$h_a \approx 3{,}16$

Berechnung von h_b:

$h_b^2 = \left(\frac{a}{2}\right)^2 + h^2 \quad |\sqrt{\ }$

$h_b = \sqrt{2^2 + 3^2}$

$h_b \approx 3{,}61$

b) Netzbild:

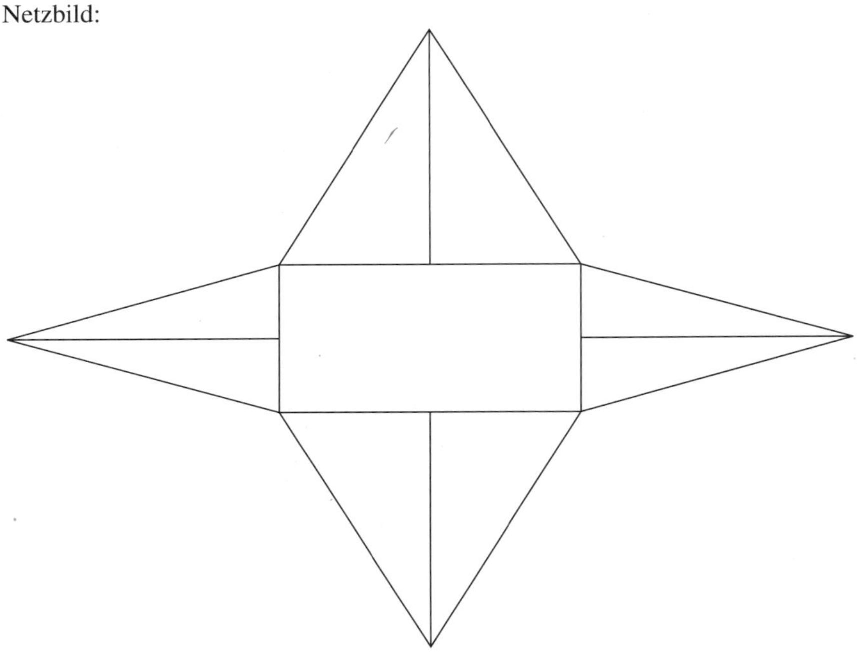

147 Berechnung des Volumens:

$V = \frac{1}{3}\pi \cdot r^2 \cdot h$

$V = \frac{1}{3}\pi \cdot 4^2 \cdot 12$

$V \approx 201{,}06\ (cm^3)$

$201{,}06\ cm^3 = 201{,}06\ m\ell$

$0{,}2\ \ell = 200\ m\ell$

In das Glas passen 0,2 ℓ Sekt, jedoch muss man vorsichtig trinken, da es fast randvoll ist.

---

148 Um den Mantel des Doppelkegels zu berechnen, muss zunächst der Mantel von einem Kegel berechnet werden. Dazu benötigt man die Länge der Mantellinie s.

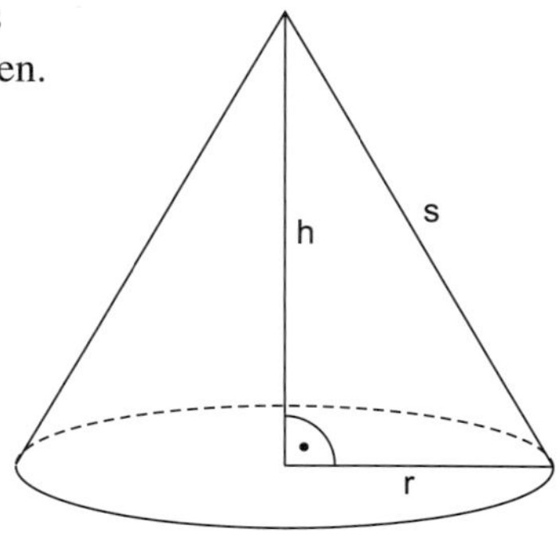

Berechnung von s:

$s^2 = r^2 + h^2$

$s^2 = 16^2 + 37{,}5^2 \quad |\sqrt{\ }$

$s = \sqrt{256 + 1\,406{,}25}$

$s \approx 40{,}77$

Berechnung der Mantelfläche:

$M = \pi \cdot r \cdot s$

$M = \pi \cdot 16 \cdot 40{,}77$

$M \approx 2\,049{,}32 \quad |\cdot 2$

$2M = 4\,098{,}64$

$4\,098{,}64 \cdot 38 = 155\,748{,}32\ (cm^2)$

Der Hafenmeister des Segelclubs muss eine Fläche von etwa 15,57 m^2 streichen.

---

149 Berechnung von r:

$u = 2\pi \cdot r$

$15{,}7 = 2\pi \cdot r \quad |:(2\pi)$

$r = \frac{15{,}7}{2\pi}$

$r \approx 2{,}50$

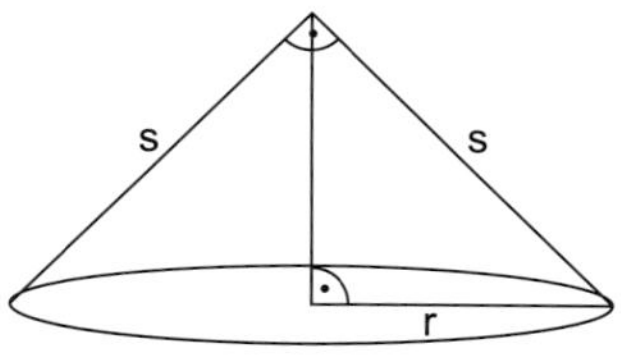

Berechnung von s:

$s^2 + s^2 = (2r)^2$

$2s^2 = 4r^2 \quad |:2$

$s^2 = 2r^2$

$s^2 = 2 \cdot 2{,}5^2 \quad |\sqrt{\ }$

$s = \sqrt{2 \cdot 2{,}5^2}$

$s \approx 3{,}54$

Berechnung der Mantelfläche:

$M = \pi \cdot r \cdot s$

$M = \pi \cdot 2{,}5 \cdot 3{,}54$

$M \approx 27{,}80$

Berechnung des Preises:

$27{,}8 \cdot 86{,}4 \cdot 1{,}19 \approx 2\,858{,}28$

Die Kosten für das 27,8 m^2 große Dach betragen 2 858,28 €.

150 a) Fläche eines Fußballfeldes:

$A = a \cdot b$

$A = 68 \cdot 105$

$A = 7\,140$

Oberfläche der Kugel:

$O = 4\pi \cdot r^2$

$O = 4\pi \cdot 7{,}5^2$

$O \approx 706{,}86$

Vergleich:

$7\,140 : 706{,}86 \approx 10{,}10$

Das Fußballfeld mit einer Fläche von 7 140 m^2 ist ungefähr 10-mal so groß wie die Außenhülle des Globus mit einer Fläche von 706,86 m^2.

b) Volumen des Globus:

$V = \frac{4}{3}\pi \cdot r^3$

$V = \frac{4}{3}\pi \cdot 7{,}5^3$

$V \approx 1\,767{,}15\ (m^3)$

Volumen eines Fußballs:

$V = \frac{4}{3}\pi \cdot r^3$

$V = \frac{4}{3}\pi \cdot 11^3$

$V \approx 5\,575{,}28\ (cm^3)$

Der Globus hat ein Volumen von ca. 1 767,15 m^3, ein Fußball ein Volumen von ca. 0,0056 m^3.

$$\frac{V_{Globus}}{V_{Fußball}} = \frac{1\,767{,}15}{0{,}0056} \approx 315\,562{,}5$$

☐ 3 000 ☐ 30 000 ☒ 300 000 ☐ 3 000 000 ☐ 30 000 000

Es würden ungefähr 300 000 Fußbälle in den Globus passen.

151

$$\frac{V_{Erde}}{V_{Mars}} = \frac{\frac{4}{3}\pi \cdot {r_E}^3}{\frac{4}{3}\pi \cdot {r_M}^3}$$

$$\frac{V_{Erde}}{V_{Mars}} = \frac{{r_E}^3}{{r_M}^3}$$

$$\frac{V_{Erde}}{V_{Mars}} = \left(\frac{6\,371\text{ km}}{3\,400\text{ km}}\right)^3$$

$$\frac{V_{Erde}}{V_{Mars}} \approx 6{,}58 \qquad | \cdot V_{Mars}$$

$$V_{Erde} \approx 6{,}58 \cdot V_{Mars}$$

Das Volumen der Erde ist ca. 6,58-mal größer als das Volumen des Mars.

152 Volumen:

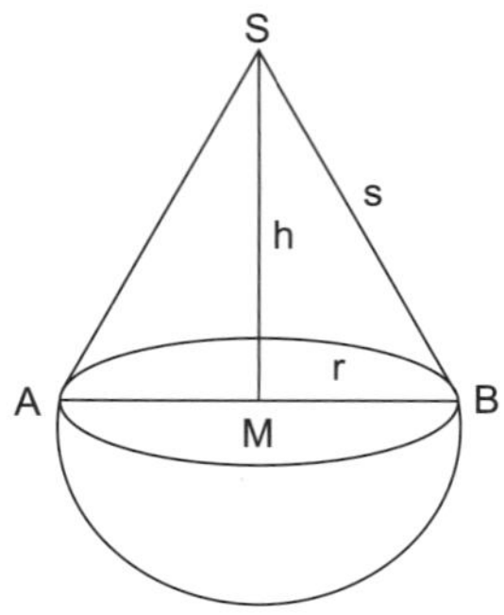

$V = V_{Halbkugel} + V_{Kegel}$

$V = \frac{1}{2} \cdot \frac{4}{3} \pi \cdot r^3 + \frac{1}{3} \pi \cdot r^2 \cdot h$

$V = \frac{2}{3} \pi \cdot 5^3 + \frac{1}{3} \pi \cdot 5^2 \cdot 7$

$V \approx 445{,}06$

Satz des Pythagoras im Dreieck MBS:

$s^2 = h^2 + r^2$

$s^2 = 7^2 + 5^2$

$s^2 = 74$

$s \approx 8{,}60$

Oberfläche:

$O = O_{Halbkugel} + M_{Kegel}$

$O = \frac{1}{2} \cdot 4\pi \cdot r^2 + \pi \cdot r \cdot s$

$O = 2\pi \cdot 5^2 + \pi \cdot 5 \cdot 8{,}60$

$O \approx 292{,}17$

Das Stehaufmännchen hat ein Volumen von ca. 445,06 cm^3 und eine Oberfläche von ca. 292,17 cm^2.

---

153 Gegeben: $m = 10$ kg; $\rho = 0{,}92 \frac{g}{cm^3}$ bzw. $\rho = 0{,}92 \frac{kg}{dm^3}$
Gesucht: V

Berechnung des Volumens:

$m = V \cdot \rho$

$V = \frac{m}{\rho}$

$V = \frac{10}{0{,}92}$

$V \approx 10{,}87 \ (dm^3)$

Berechnung des Radius:

$V = \frac{4}{3} \pi \cdot r^3 \qquad \Big| \cdot \frac{3}{4\pi}$

$r^3 = \frac{V \cdot 3}{4\pi}$

$r^3 = \frac{10{,}87 \cdot 3}{4\pi} \qquad \Big| \sqrt[3]{}$

$r = \sqrt[3]{\frac{10{,}87 \cdot 3}{4\pi}}$

$r \approx 1{,}37$

$d = 2 \cdot r = 2{,}74 \ (dm)$

Das Riesenhagelkorn hätte einen Durchmesser von ca. 27,4 cm haben müssen. Somit kann die Abbildung nicht dieses Korn zeigen, denn das wäre fast so groß wie ein Medizinball (d = 30 cm). Außerdem hat es eine Masse von 10 kg und kann nicht so leicht in einer Hand gehalten werden.

8 Daten und Zufall

154 a) Gesamtzahl der abgegebenen Stimmen: 180

	Relative Häufigkeit h	als Prozentsatz
Malcom	$\frac{40}{180} \approx 0{,}2222$	22,22 %
Lisa	$\frac{7}{180} \approx 0{,}0389$	3,89 %
Dennis	$\frac{63}{180} = 0{,}35$	35 %
Marvin	$\frac{48}{180} \approx 0{,}2667$	26,67 %
Hatice	$\frac{22}{180} \approx 0{,}1222$	12,22 %

b)

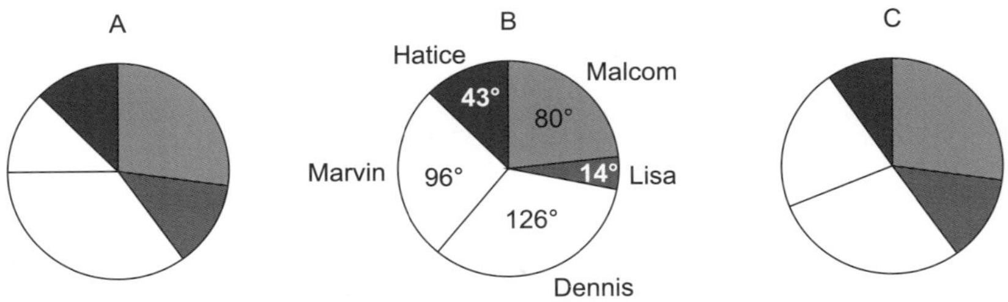

Umrechnung von Prozent in Grad (1 % $\mathrel{\hat=}$ 3,6°):

Malcom: 22,22 % $\mathrel{\hat=}$ $22{,}2 \cdot 3{,}6° \approx 80°$

Lisa: 3,89 % $\mathrel{\hat=}$ $3{,}89 \cdot 3{,}6° \approx 14°$

Dennis: 35 % $\mathrel{\hat=}$ $35 \cdot 3{,}6° = 126°$

Marvin: 26,67 % $\mathrel{\hat=}$ $26{,}67 \cdot 3{,}6° \approx 96°$

Hatice 12,22 % $\mathrel{\hat=}$ $12{,}22 \cdot 3{,}6° \approx 44°$

Das Kreisdiagramm B stellt die Daten der Befragung richtig dar, denn die Winkel stimmen.

Hinweis:

Es ist nicht nötig, alle Winkel nachzumessen, denn schon der Winkel 14° als kleinster Winkel kommt nur in diesem Diagramm vor.

c) Runde die Prozentwerte zunächst auf ganze Zahlen und rechne dann von Prozent um in Zentimeter (10 % $\mathrel{\hat=}$ 1 cm):

Malcom: 22,22 % ≈ 22 % $\mathrel{\hat=}$ 2,2 cm

Lisa: 3,89 % ≈ 4 % $\mathrel{\hat=}$ 0,4 cm

Dennis: 35 % $\mathrel{\hat=}$ 3,5 cm

Marvin: 26,67 % ≈ 27 % $\mathrel{\hat=}$ 2,7 cm

Hatice 12,22 % ≈ 12 % $\mathrel{\hat=}$ 1,2 cm

Streifendiagramm:

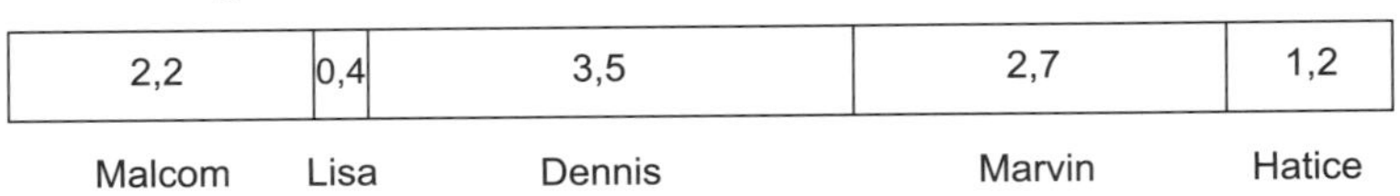

155 a) **Lösung für die Klasse 9.4:**

Rangliste (Würfe nach der Wurfweite geordnet):

Rangplatz	1	2	3	4	5	6	7	8	9	10	11	12	13	14	15	16	17
Wurfweite in m	8	12	13	15	15	15	16	17	20	27	29	33	36	37	38	38	39

Arithmetisches Mittel:
Alle Weiten werden addiert und durch die Anzahl der Schülerinnen dividiert.

$8+12+13+15+15+15+16+17+20+27+29+33+36+37+38+38+39=408$
$408:17=24$
$m=24$

Die Schülerinnen der 9.4 warfen im Durchschnitt eine Weite von 24 m.

Zentralwert (Median):
Die Anzahl der Schülerinnen ist 17, also ungerade. Der Zentralwert entspricht somit dem 9. Wert. Es liegen 8 Werte unterhalb des 9. und 8 Werte oberhalb.
$Z=20$

Spannweite:
$39-8=31$
$w=31$

Mittlere Abweichung:
Die Abstände zwischen den Wurfweiten und dem arithmetischen Mittel werden addiert und durch die Anzahl der Würfe dividiert.
1. Wurf: $|8-24|=16$
2. Wurf: $|12-24|=12$
3. Wurf: $|13-24|=11$
4. Wurf: $|15-24|=9$ usw.

Summe der Abstände:
$16+12+11+9+9+9+8+7+4+3+5+9+12+13+14+14+15=170$
$170:17=10$
$a=10$

Die Wurfweiten der Schülerinnen der 9.4 weichen im Schnitt 10 m vom arithmetischen Mittel (der Durchschnittsweite) ab.

Lösung für die Klasse 9.5:

Rangliste (Würfe nach der Wurfweite geordnet):

Rangplatz	1	2	3	4	5	6	7	8	9	10	11	12	13	14	15	16	17	18	19	20
Wurfweite in m	6	16	17	18	20	20	21	22	22	22	22	23	24	24	25	27	29	33	34	41

Arithmetisches Mittel:
Alle Weiten werden addiert und durch die Anzahl der Schülerinnen dividiert.

$6+16+17+18+20+20+21+22+22+22+22+23+24+24+25+27+29+33+34+41=466$
$466:20=23{,}3$
$m=23{,}3$

Die Schülerinnen der 9.5 warfen im Durchschnitt eine Weite von 23,3 m.

Zentralwert (Median):
Die Anzahl der Schülerinnen ist 20, also gerade. Der Zentralwert liegt zwischen dem 10. Wert und dem 11. Wert. Da beide Werte bei 22 liegen, ist der Zentralwert 22.
$Z=22$

Spannweite:
$41-6=35$
$w=35$

Mittlere Abweichung:
Die Abstände zwischen den Wurfweiten und dem arithmetischen Mittel werden addiert und durch die Anzahl der Würfe dividiert.
1. Wurf: $|6-23,3|=17,3$
2. Wurf: $|16-23,3|=7,3$
3. Wurf: $|17-23,3|=6,3$
4. Wurf: $|18-23,3|=5,3$ usw.

Summe der Abstände:
$17,3+7,3+6,3+5,3+3,3+3,3+2,3+1,3+1,3+1,3+1,3+0,3+0,7+0,7+1,7+3,7+5,7+9,7+10,7+17,7=101,2$
$101,2:20=5,06$
$a=5,06$

Die Wurfweiten der Schülerinnen der 9.5 weichen im Schnitt 5,06 m vom arithmetischen Mittel (der Durchschnittsweite) ab.

b) In der Klasse 9.4 werfen 6 Mädchen weiter als 30 m, in der Klasse 9.5 nur 3 Mädchen.

c) Der Anteil ist in der Klasse 9.4 größer.

Anteil in der Klasse 9.4: 6 von 17 bedeutet $\frac{6}{17} \approx 0,3529$ bzw. 35,29 %

Anteil in der Klasse 9.5: 3 von 20 bedeutet $\frac{3}{20} = 0,15$ bzw. 15 %

d) Die Klasse 9.5 ist „in der Spitze“ am stärksten, da sie den höheren Zentralwert hat.
Klasse 9.4: $Z=20$
Klasse 9.5: $Z=22$

e) Boxplot für beide Klassen:

	Minimum	unteres Quartil	Zentralwert	oberes Quartil	Maximum
Klasse 9.4:	8	$(15+15):2=15$	20	$(36+37):2=36,5$	39
Klasse 9.5:	6	$(20+20):2=20$	22	$(25+27):2=26$	41

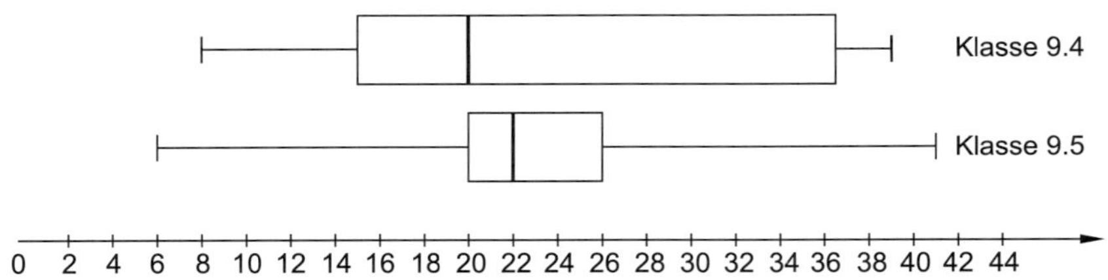

Am ausgeglichensten sind die Ergebnisse in der Klasse 9.5, da die Box am kleinsten und daher die mittlere Abweichung am geringsten ist.
Mittlere Abweichung der 9.4: $a=10$
Mittlere Abweichung der 9.5: $a=5,06$ (was bedeutet, dass die Werte dichter beieinander liegen)

156 a) Die Abbildung zeigt die Höhe des Kindergeldes für das erste und zweite Kind in den Jahren 2015 (188 €), 2017 (192 €) und 2019 (204 €).

b) Es wird der Eindruck vermittelt, dass das Kindergeld von 2015 bis 2019 enorm gestiegen ist. Der Kinderwagen (≙ Kindergeld) von 2019 ist um ein Vielfaches größer als der von 2015.

c) Das Säulendiagramm macht deutlich, dass die Erhöhung des Kindergeldes wesentlich geringer ausgefallen ist, als das Schaubild vermittelt. Betrachtet man die angegebenen Zahlen des Schaubilds, so ergibt sich zwischen 2015 und 2019 eine Erhöhung von lediglich 16 €, was etwa 8,5 % entspricht.

$\left(\frac{188}{100} = \frac{16}{x}\right)$

Will man die Kinderwagen miteinander vergleichen, so nähert man das Volumen mit einem Quader an.
Der kleinste Wagen als Quader betrachtet hat ungefähr die Maße 0,7 cm · 0,7 cm · 1,8 cm; der größte Wagen hat ungefähr die Maße 1,4 cm · 1,4 cm · 3,3 cm.

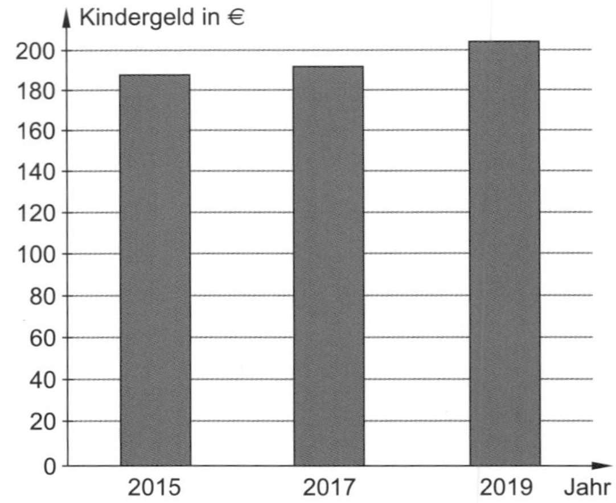

Volumen des kleinen Wagens:
$V_{\text{kleiner Wagen (2015)}} \approx 0{,}7 \cdot 0{,}7 \cdot 1{,}8$
$V_{\text{kleiner Wagen (2015)}} \approx 0{,}9\ \text{cm}^3$

Volumen des größeren Wagens:
$V_{\text{großer Wagen (2019)}} \approx 1{,}4 \cdot 1{,}4 \cdot 3{,}3$
$V_{\text{großer Wagen (2019)}} \approx 6{,}5\ \text{cm}^3$

Vergrößerung: $6{,}5 : 0{,}9 \approx 7$
Das Volumen steigt auf etwa das 7-Fache, was 700 % entspricht.

157 a)
- Eltern
- ✗ Schüler
- Schulleitung
- ✗ Mensabetreiber
- Lehrer

Die Schüler haben wahrscheinlich diese Umfrage gestartet und das Diagramm erstellt, da sie gerne Süßigkeiten essen.
Der Mensabetreiber könnte ebenfalls dieses Diagramm erstellt haben, da er mit dem Verkauf von Süßigkeiten seinen Umsatz steigern kann.

b) Der dunkelgraue Bereich soll 43 % der Zustimmungen veranschaulichen, wird aber mit mehr als 50 % eingezeichnet. Es wird so der Eindruck erweckt, dass mehr als die Hälfte aller Befragten sich für den Süßwarenverkauf ausgesprochen haben, was definitiv nicht stimmt, denn 52 % der Befragten haben sich nicht dafür ausgesprochen.
Außerdem ergibt die Summe der Prozentsätze nicht 100 %, sondern nur 95 %. Das bedeutet, dass eventuell eine weitere Antwortmöglichkeit nicht ausgewertet wurde, ungültige Stimmen nicht gezählt wurden oder bei der Berechnung der relativen Häufigkeiten Fehler unterlaufen sind.

c) Kreisdiagramm:

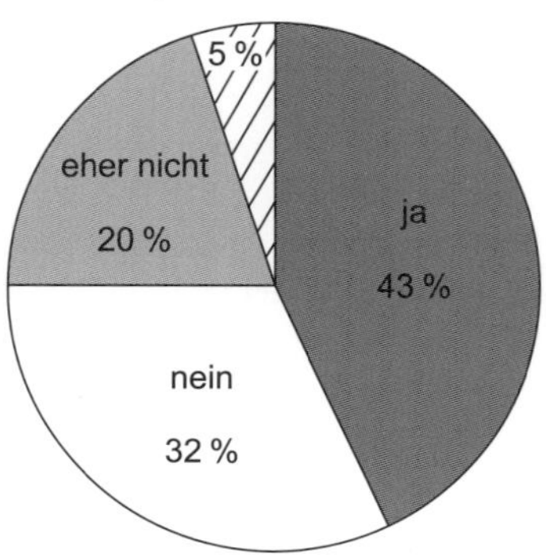

Umrechnung von Prozent in Grad:
$43\,\% \mathrel{\hat{=}} 43 \cdot 3{,}6° = 154{,}8°$
$32\,\% \mathrel{\hat{=}} 32 \cdot 3{,}6° = 115{,}2°$
$20\,\% \mathrel{\hat{=}} 20 \cdot 3{,}6° = 72°$
$5\,\% \mathrel{\hat{=}} 5 \cdot 3{,}6° = 18°$

158 a) Auf den ersten Blick scheint Herr Berner die größere Umsatzsteigerungen erzielt zu haben, da seine Kurve steil ansteigt, während die von Herrn Apel eher flach verläuft.

b) Herr Apel: 40 000 € im Januar, 57 000 € im Juni
Herr Berner: 41 000 € im Januar, 51 000 € im Juni

c) Herr Apel: Umsatzsteigerung um $p\,\% = \frac{(57\,000\,€ - 40\,000\,€) \cdot 100\,\%}{40\,000\,€} = 42{,}5\,\%$

Herr Berner: Umsatzsteigerung um $p\,\% = \frac{(51\,000\,€ - 41\,000\,€) \cdot 100\,\%}{41\,000\,€} = 24{,}39\,\%$

d) Die größere Umsatzsteigerungen hat demnach Herr Apel erzielt.

e) Herr Berner möchte sein Ergebnis in einem möglichst guten Licht erscheinen lassen. Daher wählt er die Beschriftung der y-Achse so, dass die Umsatzsteigerung als möglichst steile Kurve erscheint; insbesondere beginnt er nicht bei 0 €, sondern bei 40 000 €.

---

159 a) Diagramm 1:
A Kunden: zum Kaufanreiz und zur Bestätigung der guten Wahl
C Aktionären: zur Bestätigung der Firmenstrategie
D Konkurrenten: um zu zeigen, wie gut das Unternehmen gewirtschaftet hat
F Marketingabteilung: um mithilfe des Diagramms eine gezielte Werbekampagne zu starten

Diagramm 2:
E Betriebsrat: für Lohnverhandlungen, damit die Lohnerhöhungen möglichst gering ausfallen

Diagramm 3:
B Mitarbeitern: um zu vermitteln, dass die Anstrengungen der letzten 10 Jahre sich gelohnt haben und der Umsatz dank ihrer Arbeit und ihres Einsatzes gestiegen ist. (Die Vorlage von Diagramm 1 könnte die Mitarbeiter verleiten sich zu sehr auf den Lorbeeren auszuruhen.)

b) Diagramm 1:
Es handelt sich um eine verzerrte Darstellung, da die y-Achse erst bei 95 beginnt und die Abstände zwischen den Einheiten wesentlich größer sind als auf der x-Achse. Dadurch wird der Eindruck erweckt, dass der Umsatz in kurzer Zeit enorm angestiegen ist.

Diagramm 2:
Dies ist die sachlich richtige Darstellung der Umsatzsteigerung, da die Graphik auf beiden Achsen die gleichen Abstände zwischen den Einheiten aufweist und die y-Achse bei 0 anfängt. Man erkennt deutlich, dass es sich nur um einen geringen Anstieg handelt.

Diagramm 3:
In diesem Diagramm verzerren die vergrößerten Abstände zwischen den Einheiten auf der x-Achse das Bild. Außerdem beginnt die y-Achse bei 95 und nicht bei 0.

160

	Relative Häufigkeit	
Schüler	Kopf	Kante
1	0,756	0,244
2	0,802	0,198
3	0,739	0,261
4	0,779	0,221
5	0,793	0,207

Gesamtanzahl der Würfe: 5 000
Gesamtanzahl Kopf: 3 869
(Gesamtanzahl Kante: 1 131)

Relative Häufigkeit für das Ereignis „Reißnagel landet auf dem Kopf“:

$h = \frac{3\,869}{5\,000} \approx 0{,}774 \text{ bzw. } 77{,}4\,\%$

In rund 77 % der 5 000 Würfe landet der Reißnagel auf dem Kopf. Deshalb kann man für einen einzigen Wurf vorhersagen, dass die Kopflage eher (mit einer Wahrscheinlichkeit von ca. 77 %) eintritt.

161 a) Günstiges Ergebnis: E = {Silvester}
Mögliche Ergebnisse: Ω = {alle Tage des Jahres}

Anzahl der günstigen Ergebnisse: 1
Anzahl der möglichen Ergebnisse: 365

Wahrscheinlichkeit: $P(\text{Silvester}) = \frac{1}{365} \approx 0{,}0027$ bzw. 0,27 %

b) Günstiges Ergebnis: E = {Sonntag}
Mögliche Ergebnisse: Ω = {Montag, Dienstag, Mittwoch, ...}

Anzahl der günstigen Ergebnisse: 1
Anzahl der möglichen Ergebnisse: 7

Wahrscheinlichkeit: $P(\text{Sonntag}) = \frac{1}{7} \approx 0{,}1429$ bzw. 14,29 %

c) Günstige Ergebnisse: E = {Tage im Februar}
Mögliche Ergebnisse: Ω = {alle Tage des Jahres}

Anzahl der günstigen Ergebnisse: 28
Anzahl der möglichen Ergebnisse: 365

Wahrscheinlichkeit: $P(\text{Februar}) = \frac{28}{365} \approx 0{,}0767$ bzw. 7,67 %

---

162 a) Günstige Ergebnisse: E = {2; 4; 6; 8; 10; 12; 14}
Mögliche Ergebnisse: Ω = {1; 2; 3; ...; 15}

Anzahl der günstigen Ergebnisse: 7
Anzahl der möglichen Ergebnisse: 15

Wahrscheinlichkeit: $P(\text{gerade Zahl}) = \frac{7}{15} \approx 0{,}467$ bzw. 46,7 %

b) Günstige Ergebnisse: E = {1; 3; 5; 7; 9; 11; 13; 15}
Mögliche Ergebnisse: Ω = {1; 2; 3; ...; 15}

Anzahl der günstigen Ergebnisse: 8
Anzahl der möglichen Ergebnisse: 15

Wahrscheinlichkeit: $P(\text{ungerade Zahl}) = \frac{8}{15} \approx 0{,}533$ bzw. 53,3 %

oder
Berechnung des Gegenereignisses:
P(gerade Zahl) ≈ 0,467 (vgl. Teilaufgabe a)
P(ungerade Zahl) = 1 – 0,467 ≈ 0,533 bzw. 100 % – 46,7 % = 53,3 %

c) Günstige Ergebnisse: E = {11; 12; 13;14; 15}
Mögliche Ergebnisse: Ω = {1; 2; 3; ...; 15}

Anzahl der günstigen Ergebnisse: 5
Anzahl der möglichen Ergebnisse: 15

Wahrscheinlichkeit: $P(\text{größer oder gleich } 11) = \frac{5}{15} = \frac{1}{3} \approx 0{,}333$ bzw. 33,3 %

---

163 a) Eine mögliche Antwort:
Ich würde mich für B entscheiden, weil es 3 Kombinationsmöglichkeiten gibt [(1; 6), (2; 5), (3; 4)], im Gegensatz zu 2 bei A [(1; 4), (2; 3)] und C [(3; 6), (4; 5)] und 1 bei D [(6; 6)].

b) Die Tabelle zeigt, dass es 36 verschiedene Möglichkeiten gibt, mit zwei Würfeln Augensummen zu bilden.

Würfel 1 / Würfel 2	1	2	3	4	5	6
1	1+1=2	1+2=3	4	5	6	7
2	3	4	5	6	7	8
3	4	5	6	7	8	9
4	5	6	7	8	9	10
5	6	7	8	9	10	11
6	7	8	9	10	11	12

Augensumme 5:
Günstige Ergebnisse: $E = \{1+4; 2+3; 3+2; 4+1\}$
Mögliche Ergebnisse: $\Omega = \{$alle Werte der Tabelle$\}$

Anzahl der günstigen Ergebnisse: 4
Anzahl der möglichen Ergebnisse: 36

Wahrscheinlichkeit: $P(\text{Summe } 5) = \frac{4}{36} \approx 0{,}1111$ bzw. 11,11 %

Augensumme 7:
Günstige Ergebnisse: $E = \{1+6; 2+5; 3+4; 4+3; 2+5; 6+1\}$
Mögliche Ergebnisse: $\Omega = \{$alle Werte der Tabelle$\}$

Anzahl der günstigen Ergebnisse: 6
Anzahl der möglichen Ergebnisse: 36

Wahrscheinlichkeit: $P(\text{Summe } 7) = \frac{6}{36} \approx 0{,}1667$ bzw. 16,67 %

Augensumme 9:
Günstige Ergebnisse: $E = \{6+3; 5+4; 4+5; 3+6\}$
Mögliche Ergebnisse: $\Omega = \{$alle Werte der Tabelle$\}$

Anzahl der günstigen Ergebnisse: 4
Anzahl der möglichen Ergebnisse: 36

Wahrscheinlichkeit: $P(\text{Summe } 9) = \frac{4}{36} \approx 0{,}1111$ bzw. 11,11 %

Augensumme 12:
Günstige Ergebnisse: $E = \{6+6\}$
Mögliche Ergebnisse: $\Omega = \{$alle Werte der Tabelle$\}$

Anzahl der günstigen Ergebnisse: 1
Anzahl der möglichen Ergebnisse: 36

Wahrscheinlichkeit: $P(\text{Summe } 12) = \frac{1}{36} \approx 0{,}0278$ bzw. 2,78 %

Beim Werfen mit 2 Würfeln kommt die Summe 7 mit einer Wahrscheinlichkeit von 16,67 % am häufigsten vor.

164 a) Günstige Ergebnisse: E = {Herzbube; Karobube}
Mögliche Ergebnisse: Ω = {alle Spielkarten}

Anzahl der günstigen Ergebnisse: 2
Anzahl der möglichen Ergebnisse: 32

Wahrscheinlichkeit: $P(\text{roter Bube}) = \frac{2}{32} = 0{,}0625$ bzw. 6,25 %

b) Günstige Ergebnisse: E = {8 Karo; 8 Pik; 8 Kreuz}
Mögliche Ergebnisse: Ω = {alle Spielkarten}

Anzahl der günstigen Ergebnisse: 24
Anzahl der möglichen Ergebnisse: 32

Wahrscheinlichkeit: $P(\text{keine Herzkarte}) = \frac{24}{32} = 0{,}75$ bzw. 75 %

c) Günstige Ergebnisse: E = {7, 8, 9 von Herz, Karo, Pik, Kreuz}
Mögliche Ergebnisse: Ω = {alle Spielkarten}

Anzahl der günstigen Ergebnisse: 12
Anzahl der möglichen Ergebnisse: 32

Wahrscheinlichkeit: $P(7, 8 \text{ oder } 9) = \frac{12}{32} = 0{,}375$ bzw. 37,5 %

---

165 a) Günstige Ergebnisse: E = {weibliche Befragte}
Mögliche Ergebnisse: Ω = {alle Befragten}

Anzahl der günstigen Ergebnisse: 37
Anzahl der möglichen Ergebnisse: 100

Wahrscheinlichkeit: $P(\text{weiblich}) = \frac{37}{100} = 0{,}37$ bzw. 37 %

b) Günstige Ergebnisse: E = {Befürworter/in}
Mögliche Ergebnisse: Ω = {alle Befragten}

Anzahl der günstigen Ergebnisse: 58
Anzahl der möglichen Ergebnisse: 100

Wahrscheinlichkeit: $P(\text{Befürworter/in}) = \frac{58}{100} = 0{,}58$ bzw. 58 %

c) Günstige Ergebnisse: E = {Ablehnerinnen}
Mögliche Ergebnisse: Ω = {alle Befragten}

Anzahl der günstigen Ergebnisse: 17
Anzahl der möglichen Ergebnisse: 100

Wahrscheinlichkeit: $P(\text{Ablehnerin}) = \frac{17}{100} = 0{,}17$ bzw. 17 %

---

166 Baumdiagramm:

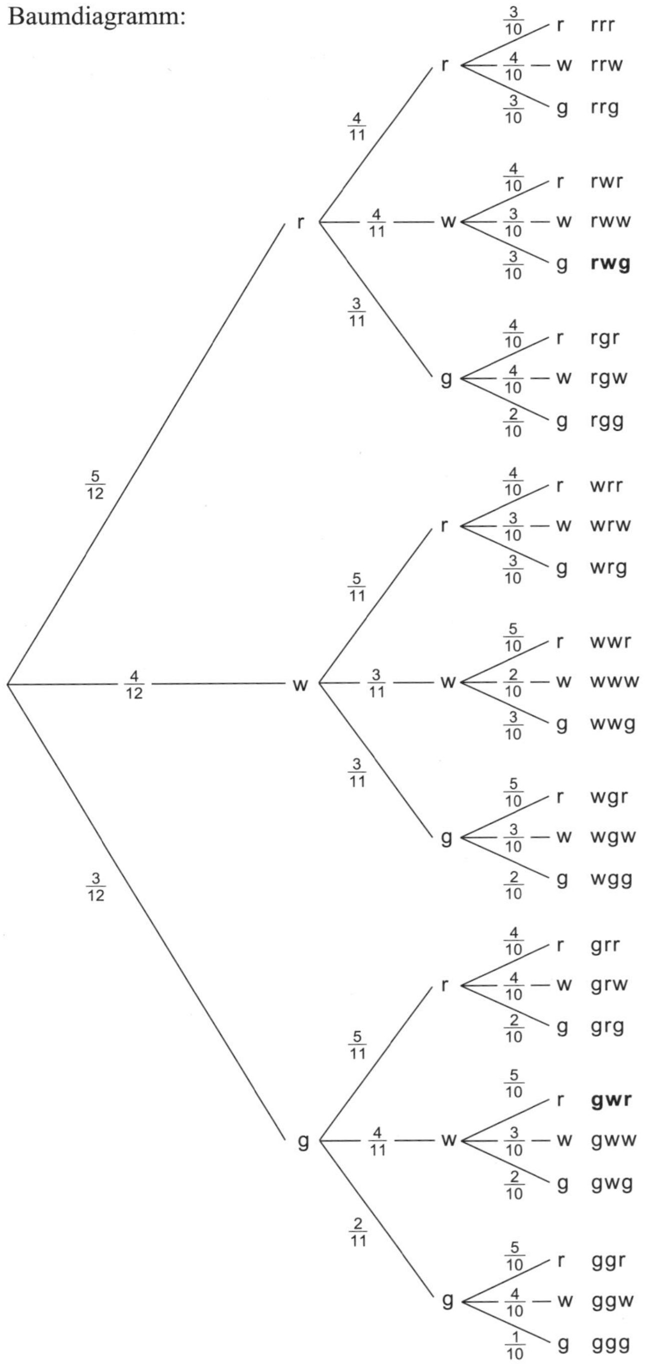

Wahrscheinlichkeit gelb-weiß-rot zu ziehen:

$$P(gwr) = \frac{3}{12} \cdot \frac{4}{11} \cdot \frac{5}{10} \approx 0{,}045$$

Wahrscheinlichkeit rot-weiß-gelb zu ziehen:

$$P(rwg) = \frac{5}{12} \cdot \frac{4}{11} \cdot \frac{3}{10} \approx 0{,}045$$

$$\frac{3}{12} \cdot \frac{4}{11} \cdot \frac{5}{10} = \frac{5}{12} \cdot \frac{4}{11} \cdot \frac{3}{10}$$

Nein, Tom hat nicht recht.
Die Wahrscheinlichkeit liegt in beiden Fällen bei 0,045 bzw. 4,5 %.
Rechts und links des Gleichheitszeichens steht das Gleiche, die Multiplikation ist kommutativ.

167 Es handelt sich um einen dreistufigen Zufallsversuch ohne Zurücklegen. Das Baumdiagramm sieht daher folgendermaßen aus:

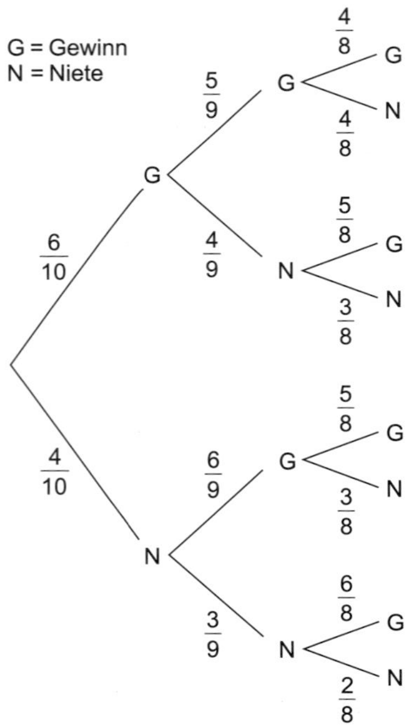

a) $P(GGG) = \frac{6}{10} \cdot \frac{5}{9} \cdot \frac{4}{8} = \frac{1}{6} \approx 0{,}167$ bzw. 16,7 %

Die Wahrscheinlichkeit, dass Henri drei Gewinne zieht, liegt bei 16,7 %.

b) $P(NNN) = \frac{4}{10} \cdot \frac{3}{9} \cdot \frac{2}{8} = \frac{1}{30} \approx 0{,}033$ bzw. 3,3 %

Die Wahrscheinlichkeit, dass er keinen Gewinn zieht, liegt bei 3,3 %.

c) Um die Wahrscheinlichkeit für „mindestens einen Gewinn" zu berechnen, muss man die Wahrscheinlichkeit von 7 der 8 Pfade bestimmen und addieren. Einfacher ist es, das Gegenereignis, also keinen Gewinn, zu berechnen. Dieses Ergebnis wird dann von 1 bzw. 100 % subtrahiert.

$P(NNN) \approx 0{,}033$ bzw. 3,3 %
$1 - 0{,}033 \approx 0{,}967$ bzw. $100\,\% - 3{,}3\,\% = 96{,}7\,\%$

d) Es gibt 3 Pfade, um genau einen Gewinn zu ziehen.

$$P(\text{genau ein Gewinn}) = \underbrace{\frac{6}{10} \cdot \frac{4}{9} \cdot \frac{3}{8}}_{P(GNN)} + \underbrace{\frac{4}{10} \cdot \frac{6}{9} \cdot \frac{3}{8}}_{P(NGN)} + \underbrace{\frac{4}{10} \cdot \frac{3}{9} \cdot \frac{6}{8}}_{P(NNG)} = \frac{1}{10} + \frac{1}{10} + \frac{1}{10} = \frac{3}{10} = 0{,}3 \text{ bzw. } 30\,\%$$

Die Wahrscheinlichkeit, genau einen Gewinn zu ziehen, liegt bei 30 %.

168 a)

Würfel 1 / Würfel 2	1	2	3	4	5	6
1	(1; 1)	(1; 2)	(1; 3)	(1; 4)	(1; 5)	(1; 6)
2	(2; 1)	(2; 2)	(2; 3)	(2; 4)	(2; 5)	(2; 6)
3	(3; 1)	(3; 2)	(3; 3)	(3; 4)	(3; 5)	(3; 6)
4	(4; 1)	(4; 2)	(4; 3)	(4; 4)	(4; 5)	(4; 6)
5	(5; 1)	(5; 2)	(5; 3)	(5; 4)	(5; 5)	(5; 6)
6	(6; 1)	(6; 2)	(6; 3)	(6; 4)	(6; 5)	**(6; 6)**

Es gibt 36 Kombinationsmöglichkeiten, mit zwei Würfeln zu würfeln. Der 6-er Pasch ist eine davon.

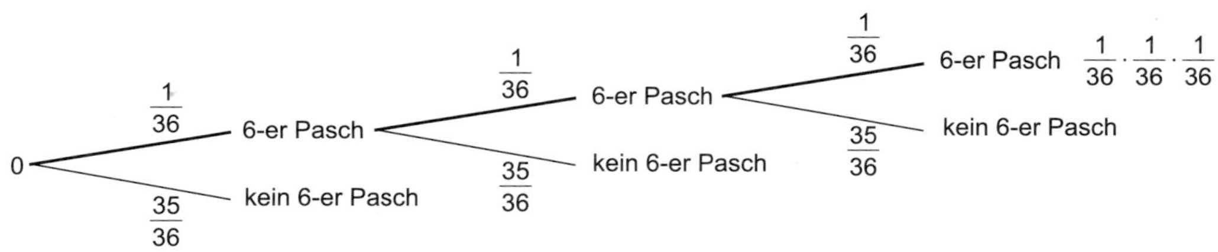

$$P(3\cdot 6\text{-er Pasch}) = \frac{1}{36}\cdot\frac{1}{36}\cdot\frac{1}{36} = \frac{1}{46\,656} \approx 0{,}00002143 \text{ bzw. } 0{,}0021\ \%$$

Die Wahrscheinlichkeit dreimal einen 6-er Pasch hintereinander zu würfeln liegt bei 0,0021 %.

b)

Würfel 1 / Würfel 2	1	2	3	4	5	6
1	(1; 1)	**(1; 2)**	(1; 3)	(1; 4)	(1; 5)	(1; 6)
2	**(2; 1)**	(2; 2)	(2; 3)	(2; 4)	(2; 5)	(2; 6)
3	(3; 1)	(3; 2)	(3; 3)	(3; 4)	(3; 5)	(3; 6)
4	(4; 1)	(4; 2)	(4; 3)	(4; 4)	(4; 5)	(4; 6)
5	(5; 1)	(5; 2)	(5; 3)	(5; 4)	(5; 5)	(5; 6)
6	(6; 1)	(6; 2)	(6; 3)	(6; 4)	(6; 5)	**(6; 6)**

Mäxchen würfeln:
Günstige Ergebnisse: $E = \{(1; 2), (2; 1)\}$
Mögliche Ergebnisse: $\Omega = \{(1; 1), (1; 2) \ldots (6; 6)\}$

Anzahl der günstigen Ergebnisse: 2
Anzahl der möglichen Ergebnisse: 36

Wahrscheinlichkeit: $P((1; 2), (2; 1)) = \frac{2}{36} \approx 0{,}056$ bzw. 5,6 %

6-er-Pasch würfeln:
Günstige Ergebnisse: $E = \{(6; 6)\}$
Mögliche Ergebnisse: $\Omega = \{(1; 1), (1; 2) \ldots (6; 6)\}$

Anzahl der günstigen Ergebnisse: 1
Anzahl der möglichen Ergebnisse: 36

Wahrscheinlichkeit: $P(6; 6) = \frac{1}{36} \approx 0{,}028$ bzw. 2,8 %

Lina hat recht, da die Wahrscheinlichkeit für Mäxchen bei ca. 5,6 %; die für den 6-er-Pasch bei ca. 2,8 % liegt.

c)

Würfel 2 \ Würfel 1	1	2	3	4	5	6
1	**(1; 1)**	**(1; 2)**	(1; 3)	(1; 4)	(1; 5)	(1; 6)
2	**(2; 1)**	**(2; 2)**	(2; 3)	(2; 4)	(2; 5)	(2; 6)
3	(3; 1)	(3; 2)	**(3; 3)**	(3; 4)	(3; 5)	(3; 6)
4	(4; 1)	(4; 2)	(4; 3)	**(4; 4)**	(4; 5)	(4; 6)
5	(5; 1)	(5; 2)	(5; 3)	(5; 4)	**(5; 5)**	(5; 6)
6	(6; 1)	(6; 2)	(6; 3)	(6; 4)	(6; 5)	**(6; 6)**

Melina hat noch 8 Möglichkeiten.

$P(\text{größer als } 65) = \frac{8}{36} \approx 0{,}2222$ bzw. 22,22 %

Die Wahrscheinlichkeit, dass Melina höher als Gregor würfelt, liegt bei 22,22 %.

---

169 Es handelt sich um einen dreistufigen Zufallsversuch „mit Zurücklegen".

Die Wahrscheinlichkeit mit einem Würfel eine 6 zu würfeln liegt bei $\frac{1}{6}$, die keine 6 zu würfeln bei $\frac{5}{6}$.

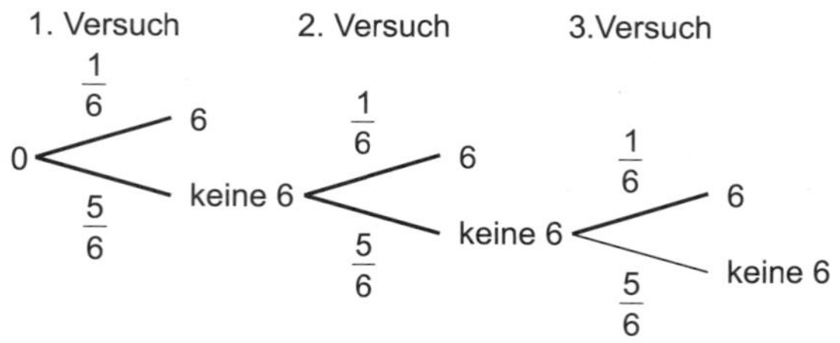

Wahrscheinlichkeit, eine 6 beim ersten Versuch zu würfeln: $\frac{1}{6}$

Wahrscheinlichkeit beim zweiten Versuch eine 6 zu würfeln: $\frac{5}{6} \cdot \frac{1}{6}$

Wahrscheinlichkeit beim dritten Versuch eine 6 zu würfeln: $\frac{5}{6} \cdot \frac{5}{6} \cdot \frac{1}{6}$

$$\frac{1}{6} + \frac{5}{6} \cdot \frac{1}{6} + \frac{5}{6} \cdot \frac{5}{6} \cdot \frac{1}{6} = \frac{1}{6} + \frac{5}{36} + \frac{25}{216} = \frac{91}{216} \approx 0{,}421 \text{ bzw. } 42{,}1\ \%.$$

oder

Berechnung der Wahrscheinlichkeit des Gegenereignisses keine 6 zu würfeln:

$P(\text{keine } 6) = \frac{5}{6} \cdot \frac{5}{6} \cdot \frac{5}{6} = \frac{125}{216} \approx 0{,}579$ bzw. 57,9 %

Differenz:

$1 - 0{,}579 \approx 0{,}421$ bzw. $100\ \% - 57{,}9\ \% \approx 42{,}1\ \%$

Die Wahrscheinlichkeit für einen gelungenen Start beim Spiel liegt bei ca. 42 %.

9 Wachstum und Zerfall

170 a) Lineare Abnahme:
Von den ursprünglichen 5 000 ℓ werden gleichmäßig jeden Monat 250 ℓ abgezogen.
Funktionsgleichung: $y = 5\,000 - x \cdot 250 = -250x + 5\,000$

b) Exponentielle Zunahme:
Nach jeweils 20 Minuten erhöht sich die Salmonellenzahl um 100 % und erreicht 200 % der vorherigen Anzahl.
Funktionsgleichung: $y = a \cdot 2^x$

c) Lineare Zunahme:
Der Geldbetrag wächst gleichmäßig jede Woche um 2 €.
Funktionsgleichung: $y = 2x$

d) Exponentielle Abnahme:
Die Jeans verliert immer einen bestimmten Anteil (Prozentsatz) der vorhandenen Farbe. Jeder neue Farbwert bezieht sich auf den vorherigen Wert.
Funktionsgleichung: $y = a \cdot q^x$

e) Exponentielle Abnahme bei Herrn Schlemmermeier:
Herr Schlemmermeier verliert jeden Monat 1,5 % des gerade aktuellen Gewichtes, d. h., in jedem Folgemonat bringt er nur noch 98,5 % des vorherigen Gewichtes auf die Waage.
Funktionsgleichung: $y = a \cdot 0{,}985^x$
Dabei entspricht a dem Anfangsgewicht von Herrn Schlemmermeier vor der Diät.

Lineare Abnahme bei Frau Schlemmermeier:
Frau Schlemmermeier verliert gleichbleibend 1,5 kg pro Monat.
Funktionsgleichung: $y = a - x \cdot 1{,}5 = -1{,}5\,x + a$
Dabei entspricht a dem Anfangsgewicht von Frau Schlemmermeier vor der Diät.

---

171 a) Angebot I:
Es handelt sich um ein lineares Wachstum, weil jeden Monat der gleiche Wert in die Sparbüchse gesteckt wird. Insgesamt erhält Dominik:
$1\,000 + 18 \cdot 50 = 1\,000 + 900 = 1\,900$

Angebot II:
Es handelt sich um ein exponentielles Wachstum, weil der Betrag jeden Monat auf das Doppelte des Vormonats anwächst.
Anfangskapital: $K_0 = 0{,}01$
Laufzeit n: 18 Monate
Verdopplung bedeutet eine Erhöhung um 100 %, deshalb gilt:

Zinsfaktor: $q = 1 + \frac{100}{100} = 1 + 1 = 2$

Insgesamt erhält Dominik:

$$K_n = K_0 \cdot q^n$$
$$K_{18} = 0{,}01 \cdot 2^{18}$$
$$K_{18} = 2\,621{,}44$$

Bei Angebot I beträgt der Beitrag zum Führerschein 1 900 €, bei Angebot II beträgt er 2 621,44 €. Dominik sollte also Angebot II wählen.

b) Angebot I: $y = 1\,000 + x \cdot 50$
Angebot II: $y = 0{,}01 \cdot 2^x$

c) Dominik wird in 30 Monaten 19 Jahre alt (18 Monate + 12 Monate = 30 Monate).
Angebot I:
$y = 50 \cdot x + 1\,000 = 50 \cdot 30 + 1\,000 = 2\,500$

Angebot II:
$y = 0{,}01 \cdot 2^x = 0{,}01 \cdot 2^{30} = 10\,737\,418{,}24$

Der Beitrag wächst bei Angebot I auf 2 500 € und bei Angebot II auf 10 737 418,24 € an.

---

172 a) Es handelt sich um eine exponentielle Zunahme, die Funktionsgleichung hat also die Form $y = a \cdot q^x$.
Anfangswert: $a = 15$
Wachstumsrate: $p\,\% = 60\,\%$

Wachstumsfaktor: $q = 1 + \frac{p}{100} = 1 + \frac{60}{100} = 1{,}6$

Damit ergibt sich als Funktionsgleichung:
$y = a \cdot q^x = 15 \cdot 1{,}6^x$

b) Eine Zeitspanne umfasst 10 Minuten. In einer Stunde sind also 6 Zeitspannen zu je 10 Minuten enthalten.

Um die einzelnen Werte zu berechnen, muss in die Formel aus Teilaufgabe a eingesetzt werden:
Fläche nach 10 Minuten (≙ 1. Zeitspanne): $y = 15 \cdot 1{,}6^1 = 24$
Fläche nach 20 Minuten (≙ 2. Zeitspanne): $y = 15 \cdot 1{,}6^2 = 38{,}4$
Fläche nach 30 Minuten (≙ 3. Zeitspanne): $y = 15 \cdot 1{,}6^3 = 61{,}44$
Fläche nach 40 Minuten (≙ 4. Zeitspanne): $y = 15 \cdot 1{,}6^4 \approx 98{,}30$
Fläche nach 50 Minuten (≙ 5. Zeitspanne): $y = 15 \cdot 1{,}6^5 \approx 157{,}29$
Fläche nach 60 Minuten (≙ 6. Zeitspanne): $y = 15 \cdot 1{,}6^6 \approx 251{,}66$

Wertetabelle:

Zeit in Minuten	0	10	20	30	40	50	60
Fläche in mm²	15	24	38,4	61,44	98,30	157,29	251,66

Graph:

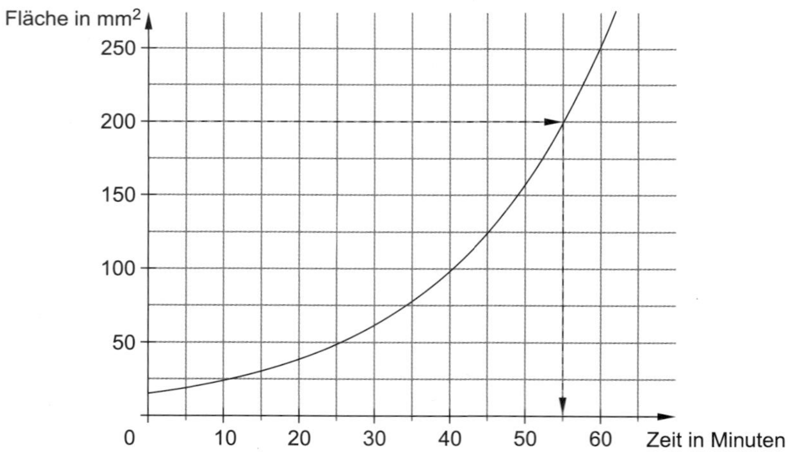

c) Die Fläche ist nach etwa 55 Minuten 200 mm² groß.

173 Es handelt sich um eine Zinseszinsaufgabe.

Gegeben:	Kapital nach 10 Jahren:	$K_{10} = 36\,408$
	Zinssatz:	$p\,\% = 4{,}7\,\%$
	Laufzeit:	$n = 10$ Jahre

Gesucht: K_0

Berechnung des Zinsfaktors q:

$$q = 1 + \frac{p}{100} = 1 + \frac{4{,}7}{100} = 1{,}047$$

Berechnung des Anfangskapitals K_0:

$$K_n = K_0 \cdot q^n$$

$$36\,408 = K_0 \cdot 1{,}047^{10} \quad |:1{,}047^{10}$$

$$\frac{36\,408}{1{,}047^{10}} = K_0$$

$$K_0 \approx 23\,000{,}11$$

Die Erbschaft betrug rund 23 000 €.

---

174 Allgemeine Funktionsgleichung: $y = a \cdot q^x$.

Anfangswert: $a = 100\,\%$

Zerfallsrate: $p\,\% = 50\,\%$

Zerfallsfaktor: $q = 1 - \frac{p}{100} = 1 - \frac{50}{100} = 0{,}5$

Damit ergibt sich als Funktionsgleichung: $y = a \cdot q^x = 100 \cdot 0{,}5^x$

Halbwertszeit: 6 Stunden ≙ 1 Zeitspanne
2 Tage = 48 Stunden ≙ 8 Zeitspannen

$y = 100 \cdot 0{,}5^x$
$y = 100 \cdot 0{,}5^8$
$y \approx 0{,}39$

Nach 2 Tagen sind noch ungefähr 0,39 % des radioaktiven Stoffes im Körper der Patientin zu finden.

oder

Die Halbwertszeit von 6 Stunden besagt, dass nach 6 Stunden die Hälfte des Stoffes zerfallen ist. Man kann die prozentuale Stoffkonzentration im Körper auch schrittweise berechnen:

Anfangswert:	100 %
Nach 6 Stunden	50 %
Nach 12 Stunden	25 %
Nach 18 Stunden	12,5 %
Nach 24 Stunden	6,25 %
Nach 30 Stunden	3,125 %
Nach 36 Stunden	1,5625 %
Nach 42 Stunden	0,78125 %
Nach 48 Stunden	0,390625 %

Nach 2 Tagen sind noch ungefähr 0,39 % des radioaktiven Stoffes im Körper der Patientin zu finden.

10 Prüfungsähnliche Aufgaben

175 a) Es wird der Zahlenstrahl betrachtet:

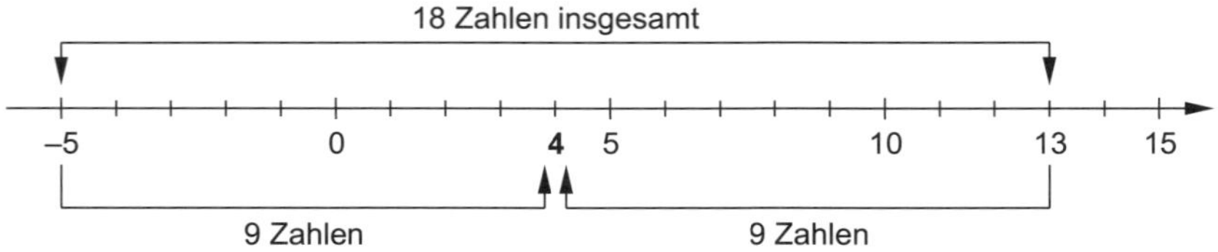

+4 liegt in der Mitte.

oder

Lösung über Mittelwertberechnung:

$(-5+13):2=8:2=4$

+4 liegt in der Mitte.

b) Lösung mit dem Dreisatz:

$$\begin{aligned} &100\text{ g Gouda} \mathrel{\widehat{=}} 1{,}45\text{ €} \\ :100\ &\quad 1\text{ g Gouda} \mathrel{\widehat{=}} \frac{1{,}45}{100}\text{ €} \quad :100 \\ \cdot 240\ &\quad 240\text{ g Gouda} \mathrel{\widehat{=}} \frac{1{,}45\cdot 240}{100}\text{ €} \quad \cdot 240 \\ &\qquad = 3{,}48\text{ €} \end{aligned}$$

Markus muss **3,48 €** bezahlen.

oder

Lösung über proportionale Zuordnung:

$$\frac{x}{240}=\frac{1{,}45}{100} \quad |\cdot 240$$

$$x=\frac{1{,}45\cdot 240}{100}$$

$$x=3{,}48$$

Markus muss **3,48 €** bezahlen.

c) Anzahl der Ergebnisse „Kopf": 12

Anzahl der Ergebnisse „Zahl": 8

Relative Häufigkeit:

$$h(\text{„Kopf“})=\frac{\text{Anzahl der Ergebnisse „Kopf“}}{\text{Anzahl aller Würfe}}=\mathbf{\frac{12}{20}}=\mathbf{0{,}6=60\ \%}$$

d) Darstellen der Zahlen als Dezimalzahlen:

$5\cdot 10^{-2}=5\cdot\frac{1}{100}=\frac{5}{100}=0{,}05 \qquad -0{,}9 \qquad \sqrt{0{,}25}=\sqrt{0{,}5^2}=0{,}5 \qquad -\frac{7}{10}=-0{,}7$

Es gilt: $-0{,}9<-0{,}7<0{,}05<0{,}5$

Geordnete Zahlen: $-0{,}9;\ -\frac{7}{10};\ 5\cdot 10^{-2};\ \sqrt{0{,}25}$

e) Bei einer Raute sind alle Seiten gleich lang und hier gilt offensichtlich $\overline{AB}=\overline{BC}$. Die Diagonalen einer Raute stehen senkrecht aufeinander und halbieren sich gegenseitig:

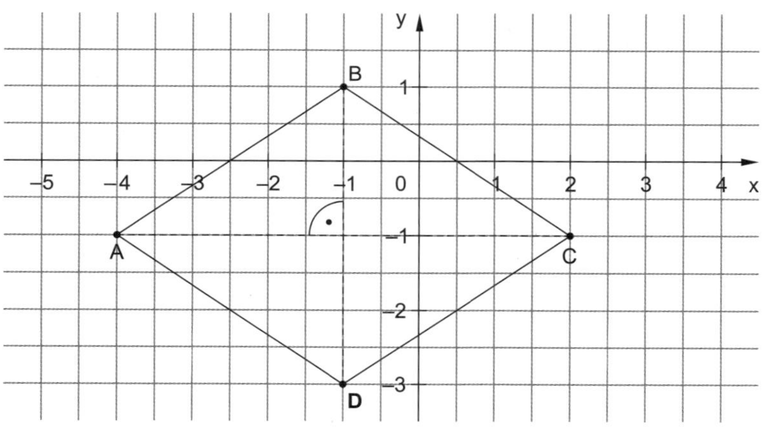

Es gilt: D(**–1** | **–3**)

f) Gegeben: Quadervolumen: $V = 1\,500\ cm^3$
Quaderhöhe: $h = 15$ cm

Gesucht: Länge a, Breite b

Volumen des Quaders:

$$V = a \cdot b \cdot h$$
$$1\,500 = a \cdot b \cdot 15 \quad |:15$$
$$100 = a \cdot b$$

Mögliche Werte für a und b:

a = 10 cm und b = 10 cm, weil $10 \cdot 10 = 100$.
a = 5 cm und b = 20 cm, weil $5 \cdot 20 = 100$.
a = 4 cm und b = 25 cm, weil $4 \cdot 25 = 100$.
a = 2 cm und b = 50 cm, weil $2 \cdot 50 = 100$.
usw.

g) ☐ $3{,}2^{-4}$ ☐ $3{,}2 \cdot 10^4$ ☒ $3{,}2 \cdot 10^{-4}$ ☐ $-3{,}2 \cdot 10^4$ ☒ 0,00032

Es gilt: $0{,}2^5 = 3{,}2 \cdot 10^{-4}$ (Taschenrechner)
$0{,}2^5 = 0{,}00032$, denn $0{,}2^5 = 0{,}2 \cdot 0{,}2 \cdot 0{,}2 \cdot 0{,}2 \cdot 0{,}2$

h) Die Hälfte von $\frac{1}{4}$ ist $\mathbf{\frac{1}{8}} = 1:8 = \mathbf{0{,}125}$. **oder** Es gilt: $\frac{1}{4}:2 = \frac{1}{4 \cdot 2} = \mathbf{\frac{1}{8}} = \mathbf{0{,}125}$

i) Anzahl der Hauptgewinne: 5
Anzahl aller Lose: $5 + 75 = 80$

Wahrscheinlichkeit:

$$P(\text{„Hauptgewinn“}) = \frac{\text{Anzahl der Hauptgewinne}}{\text{Anzahl aller Lose}} = \mathbf{\frac{5}{80}} = 0{,}0625 = \mathbf{6{,}25\ \%}$$

j) Das Doppelte bedeutet zweimal so viel, d. h.: $2 \cdot 2^9 = 2^1 \cdot 2^9 = 2^{1+9} = 2^{10}$

Das Doppelte von 2^9 ist das Gleiche wie:

☐ 2^{18} ☒ 2^{10} ☐ 4^9 ☐ 4^{18} ☐ 4^{10}

k) **A** und **D** sind richtig.

ℓ) Lösen der Gleichung:

$$10 - 5x = 20 \quad |-10$$
$$-5x = 10 \quad |:(-5)$$
$$x = \mathbf{-2}$$

m) *1. Möglichkeit:* Berechnung über die Rabatthöhe
Berechnung der Rabatthöhe (20 %):

Lösung mit dem Dreisatz:

$$:100 \left(\begin{array}{l} 100\ \% \triangleq 120\ € \\ 1\ \% \triangleq 1{,}20\ € \end{array} \right) :100$$
$$\cdot 20 \left(\begin{array}{l} 1\ \% \triangleq 1{,}20\ € \\ 20\ \% \triangleq 24\ € \end{array} \right) \cdot 20$$

oder

Lösung über proportionale Zuordnung:

$$\frac{x}{20} = \frac{120}{100} \quad |\cdot 20$$
$$x = \frac{120 \cdot 20}{100}$$
$$x = 24$$

Berechnung des neuen Preises:
$120\ € - 24\ € = \mathbf{96\ €}$

Der neue Preis beträgt 96 €.

oder
2. Möglichkeit: Direkte Berechnung
Da die Schuhe um 20 % reduziert wurden, beträgt der neue Preis $100\ \% - 20\ \% = 80\ \%$ vom alten Preis.

Berechnung des neuen Preises:

Lösung mit dem Dreisatz:

$$\begin{aligned} &100\,\% \mathrel{\hat{=}} 120\,€ \\ :100 \quad &1\,\% \mathrel{\hat{=}} 1{,}20\,€ \quad :100 \\ \cdot 80 \quad &80\,\% \mathrel{\hat{=}} 96\,€ \quad \cdot 80 \end{aligned}$$

Der neue Preis beträgt **96 €**.

oder

Lösung über proportionale Zuordnung:

$$\frac{x}{80} = \frac{120}{100} \qquad |\cdot 80$$

$$x = \frac{120 \cdot 80}{100}$$

$$x = 96$$

Der neue Preis beträgt **96 €**.

Ausgefülltes Plakat:

n) Umwandlung aller Werte in die Einheit kg:
$1\,005 \text{ g} + 2{,}4 \text{ kg} + 45 \text{ g} + 0{,}75 \text{ kg} = 1{,}005 \text{ kg} + 2{,}4 \text{ kg} + 0{,}045 \text{ kg} + 0{,}75 \text{ kg} = \mathbf{4{,}2\ kg}$

Es sind insgesamt 4,2 kg.

o) Da die Wahrscheinlichkeit, ein grünes Gummibärchen zu ziehen, $\frac{2}{3}$ beträgt, sind $\frac{2}{3}$ der 45 Gummibärchen grün.

$\frac{1}{3}$ von 45 Gummibärchen sind $\frac{1}{3} \cdot 45 = 45 : 3 = 15$ Gummibärchen.

$\frac{2}{3}$ von 45 Gummibärchen sind $2 \cdot 15 = 30$ Gummibärchen.

Somit gilt:

☐ 25 ☒ 30 ☐ 32 ☐ 35 ☐ 40

---

176 Gegeben: Höhe der Pyramide: $h = 8$ cm
Grundseitenlänge: $a = 8$ cm

a) Volumen einer Schokoladenpyramide:

$$V = \frac{1}{3} \cdot a^2 \cdot h = \frac{1}{3} \cdot 8^2 \cdot 8 \approx \mathbf{170{,}67}$$

b) α' ist die Hälfte des gesuchten Winkels.

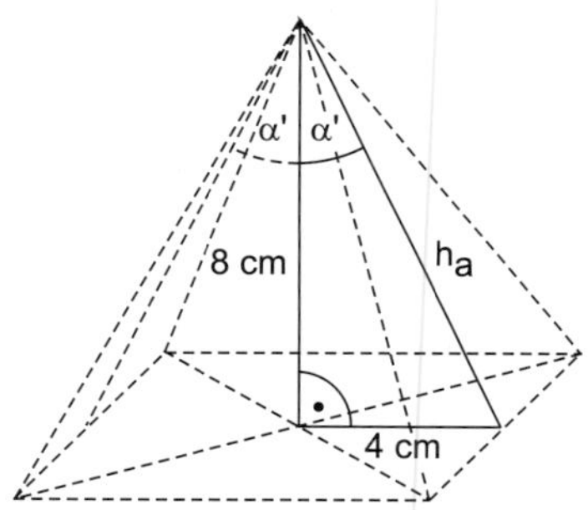

Berechnung von α':

$$\tan \alpha' = \frac{\text{Gegenkathete}}{\text{Ankathete}}$$

$$\tan \alpha' = \frac{4}{8}$$

$$\alpha' \approx 26{,}57°$$

Berechnung von α:

$$\alpha = 2 \cdot \alpha' = \mathbf{53{,}14°}$$

Der Winkel an der Spitze hat eine Größe von 53,14°.

c) Berechnung der Höhe der Seitenfläche mit dem Satz von Pythagoras:

$$h_a^2 = 4^2 + 8^2$$

$$h_a^2 = 80 \qquad |\sqrt{\ }$$

$$h_a \approx 8{,}94$$

Berechnung des Flächeninhalts einer Seitenfläche:

$A = \frac{a \cdot h_a}{2}$

$A = \frac{8 \cdot 8{,}94}{2}$

$A = 35{,}76$

Berechnung der gesamten Oberfläche:

$O = a^2 + 4 \cdot A$

$O = 8^2 + 4 \cdot 35{,}76$

$O = 207{,}04$

Gesamtbedarf (10 % hinzurechnen):

$207{,}04 \cdot 1{,}10 = 227{,}744$

Für eine Schokoladenpyramide braucht man ca. **227,74 cm²** Verpackung.

d) Berechnung der Masse:

$m = V \cdot \rho$

$m = 170{,}67 \cdot 0{,}88$

$m \approx 150{,}19$

Es steht die Gewichtsangabe **150 g** auf der Verpackung.

e) Gegeben: $d = 18$ mm $\Rightarrow$ $r = 9$ mm $= 0{,}9$ cm

Volumen einer Schokoladenkugel:

$V_K = \frac{4}{3}\pi \cdot r^3 = \frac{4}{3}\pi \cdot 0{,}9^3 \approx 3{,}05$

Volumen der Schokoladenpyramide (siehe Teilaufgabe a):

$V = 170{,}67$

Anzahl der Schokoladenkugeln, die man aus der Pyramide herstellen kann:

$V : V_K = 170{,}67 : 3{,}05 \approx 55{,}96$

Aus einer Schokoladenpyramide erhält man ca. **55** Schokoladenkugeln.

---

177 a) Zeichnung:

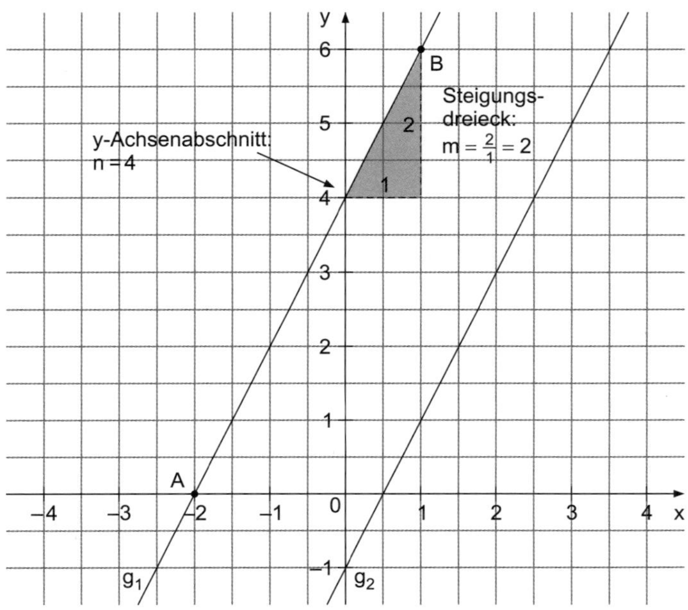

b) A(–2 | 0) und B(1 | 6) liegen auf g_1.
Einsetzen in die Geradengleichung $y = m \cdot x + n$:
I $0 = -2m + n$
II $6 = 1m + n \quad |\cdot(-1)$
Additionsverfahren:
I $0 = -2m + n$
II $-6 = -m - n$ } +

I + II $-6 = -3m \quad |:(-3)$
$m = 2$
m = 2 in II:
$6 = 2 + n \quad |-2$
$n = 4$
Funktionsgleichung: $\mathbf{y = 2x + 4}$ oder $\mathbf{g_1(x) = 2x + 4}$

oder

Entnimm die Funktionsgleichung mithilfe des Steigungsdreiecks und des Achsenabschnitts direkt aus der grafischen Darstellung.

c) Einsetzen von P(20 | 48) in die Geradengleichung $y = 2x + 4$:
$48 \overset{?}{=} 2 \cdot 20 + 4$
$48 \overset{?}{=} 40 + 4$
$48 \neq 44$
P liegt **nicht** auf g_1.

d) Einzeichnen der Geraden g_2: Die Steigung m ist dieselbe wie bei der Geraden g_1, der y-Achsenabschnitt ist –1. Funktionsgleichung: $\mathbf{y = 2x - 1}$ oder $\mathbf{g_2(x) = 2x - 1}$

e) Berechnung des Flächeninhalts:
Bestimmen der Schnittpunkte mit den Achsen:
x-Achse:
$0 = 2x + 4 \quad |-4$
$-4 = 2x \quad |:2$
$x = -2$
y-Achse:
$y = 2 \cdot 0 + 4$
$y = 4$

oder

Bestimmen der Schnittpunkte mit den Achsen durch Ablesen aus der Zeichnung:
$x_0 = -2$; $y_0 = 4$

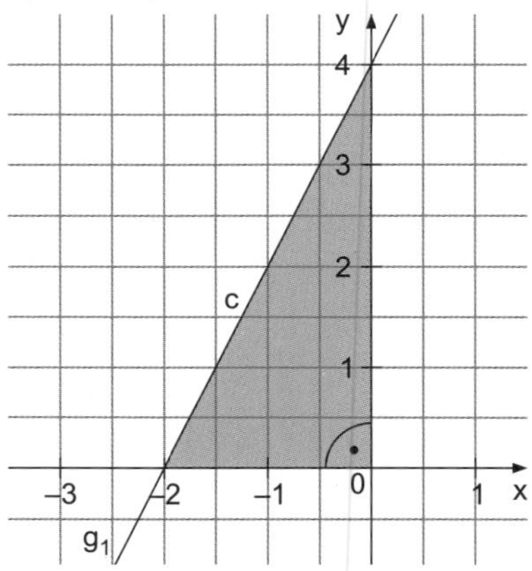

Flächeninhalt des Dreiecks:
$$A = \frac{g \cdot h}{2} = \frac{2 \cdot 4}{2} = 4$$
Berechnung des Umfangs:
Berechnung der Hypotenuse mit dem Satz von Pythagoras:
$c^2 = 2^2 + 4^2$
$c^2 = 4 + 16$
$c^2 = 20 \quad |\sqrt{\ }$
$c \approx 4{,}47$
Umfang des Dreiecks:
$u = 2 + 4 + 4{,}47 = 10{,}47$
Der Flächeninhalt des Dreiecks beträgt **4 FE** (Flächeneinheiten) und der Umfang **10,47 LE** (Längeneinheiten).

f) ☐ Aus 20 kg Äpfeln gewinnt man 10 kg Apfelmus.
Passt nicht, weil man aus 0 kg Äpfeln 0 kg Apfelmus erhält und der zugehörige Graph somit durch den Nullpunkt geht. Die zugehörige Funktionsgleichung lautet $y = 0{,}5x$.

☒ Die Leihgebühr für ein E-Bike beträgt 2 € pro Stunde, dazu kommen einmalig 4 € Verwaltungsgebühr.
Passt, die Funktionsgleichung lautet $y = 2x + 4$; x entspricht der Stundenzahl und y dem Gesamtpreis.

☐ In einer Tonne steht das Wasser 40 cm hoch. Durch ein Loch nimmt der Pegel stündlich um 2 cm ab.
Passt nicht, weil der Wasserstand abnimmt. Der zugehörige Graph ist eine fallende Gerade mit der Funktionsgleichung $y = -2x + 40$.

178 a) Berechnung des arithmetischen Mittels:

$78+75+80+73+78+75+83+72+79+98+72+190=1\,053$

$1\,053:12=87{,}75$

Das arithmetische Mittel liegt bei $\mathbf{87{,}75\ \frac{km}{h}}$.

b) Der Größe nach geordnete Datenmenge:

72 72 73 75 75 **78** / **78** 79 80 83 98 190

Der Median liegt bei $\mathbf{78\ \frac{km}{h}}$.

c) Bei der Testmessung haben 9 von 12 Fahrzeugen die Höchstgeschwindigkeit nicht überschritten.

Absolute Häufigkeit: **9**

Relative Häufigkeit: 9 von 12, d. h. $\frac{9}{12}=\frac{3}{4}=0{,}75=\mathbf{75\ \%}$

d) Eine Geschwindigkeit von $80\ \frac{km}{h}$ bedeutet:

Das Auto fährt 80 km in einer Stunde, d. h., das Auto fährt 80 km in 60 Minuten.

Lösung mit dem Dreisatz:

$$\begin{aligned} &80\text{ km} \mathrel{\hat{=}} 60\text{ min} && \text{(}:80\text{)}\\ &1\text{ km} \mathrel{\hat{=}} \frac{60}{80}\text{ min} && \text{(}\cdot 12\text{)}\\ &12\text{ km} \mathrel{\hat{=}} \frac{60\cdot 12}{80}\text{ min}\\ &\phantom{12\text{ km}} = 9\text{ min} \end{aligned}$$

Das Auto braucht mindestens **9 Minuten**.

oder

Lösung über proportionale Zuordnung:

$$\frac{x}{12}=\frac{60}{80} \qquad |\cdot 12$$
$$x=\frac{60\cdot 12}{80}$$
$$x=9$$

Das Auto braucht mindestens **9 Minuten**.

e) Berechnung des prozentualen Anteils:

Lösung mit dem Dreisatz:

$$\begin{aligned} &1{,}339\ € \mathrel{\hat{=}} 100\ \% && \text{(}:1{,}339\text{)}\\ &1\ € \mathrel{\hat{=}} \frac{100}{1{,}339}\ \% && \text{(}\cdot 1{,}469\text{)}\\ &1{,}469\ € \mathrel{\hat{=}} \frac{100\cdot 1{,}469}{1{,}339}\ \%\\ &\phantom{1{,}469\ €} \approx 109{,}71\ \% \end{aligned}$$

oder

Lösung über proportionale Zuordnung:

$$\frac{x}{1{,}469}=\frac{100}{1{,}339} \qquad |\cdot 1{,}469$$
$$x=\frac{100\cdot 1{,}469}{1{,}339}$$
$$x\approx 109{,}71$$

Berechnung der prozentualen Steigerung:

$109{,}71\ \%-100\ \%=\mathbf{9{,}71\ \%}$

Die prozentuale Steigerung beträgt etwa 9,71 %.

oder

Berechnung der preislichen Steigerung:

$1{,}469\ €-1{,}339\ €=0{,}13\ €$

Berechnung der prozentualen Steigerung:

Lösung mit dem Dreisatz:

$$\begin{aligned} &1{,}339\ € \mathrel{\hat{=}} 100\ \% && \text{(}:1{,}339\text{)}\\ &1\ € \mathrel{\hat{=}} \frac{100}{1{,}339}\ \% && \text{(}\cdot 0{,}13\text{)}\\ &0{,}13\ € \mathrel{\hat{=}} \frac{100\cdot 0{,}13}{1{,}339}\ \%\\ &\phantom{0{,}13\ €} \approx 9{,}71\ \% \end{aligned}$$

Die prozentuale Steigerung beträgt etwa **9,71 %**.

oder

Lösung über proportionale Zuordnung:

$$\frac{x}{0{,}13}=\frac{100}{1{,}339} \qquad |\cdot 0{,}13$$
$$x=\frac{100\cdot 0{,}13}{1{,}339}$$
$$x\approx 9{,}71$$

Die prozentuale Steigerung beträgt etwa **9,71 %**.

f) *1. Möglichkeit:* Werte stufenweise berechnen

nach dem 1. Jahr:
$$\frac{x}{80} = \frac{23\,000}{100}$$
$$x = 18\,400$$

nach dem 2. Jahr:
$$\frac{x}{92} = \frac{18\,400}{100}$$
$$x = 16\,928$$

nach dem 3. Jahr:
$$\frac{x}{92} = \frac{16\,928}{100}$$
$$x = 15\,573{,}76$$

nach dem 4. Jahr:
$$\frac{x}{92} = \frac{15\,573{,}76}{100}$$
$$x \approx 14\,327{,}86$$

oder

2. Möglichkeit: Werte mithilfe von Potenzen berechnen

nach dem 1. Jahr:
$$\frac{x}{80} = \frac{23\,000}{100}$$
$$x = 18\,400$$

nach 3 weiteren Jahren:
$$18\,400 \cdot 0{,}92^3 \approx 14\,327{,}86$$

Berechnung des Wertverlusts:
$23\,000 - 14\,327{,}86 = 8\,672{,}14$

Er muss mit einem Verlust von **8 672,14 €** rechnen.

---

179 a) *Hinweis:* Die Besucherzahlen sind in 1 000 angegeben. „Besucher" wird im Folgenden mit BS abgekürzt.

- Überprüfung von Aussage A:
  Berechnung der Differenz der Besucherzahlen:
  $2\,075\,000 - 1\,036\,000 = 1\,039\,000$

  Aussage A ist **falsch**, der Zoologische Garten hatte 1 039 000 Besucher mehr als der Tierpark.

- Überprüfung von Aussage B:
  Anzahl der Besucher im Zoologischen Garten 2012: 2 077 000
  Anzahl der Besucher im Zoologischen Garten 2013: 2 075 000

  Berechnung des prozentualen Anteils der Besucherzahlen:

  Lösung mit dem Dreisatz:

  $$:2\,077\,000 \quad 2\,077\,000 \text{ BS} \mathrel{\hat=} 100\,\% \quad :2\,077\,000$$
  $$\cdot 2\,075\,000 \quad 1 \text{ BS} \mathrel{\hat=} \frac{100}{2\,077\,000}\,\% \quad \cdot 2\,075\,000$$
  $$2\,075\,000 \text{ BS} \mathrel{\hat=} \frac{100 \cdot 2\,075\,000}{2\,077\,000}\,\% \approx 99{,}90\,\%$$

  oder

  Lösung über proportionale Zuordnung:
  $$\frac{x}{2\,075\,000} = \frac{100}{2\,077\,000} \quad | \cdot 2\,075\,000$$
  $$x = \frac{100 \cdot 2\,075\,000}{2\,077\,000}$$
  $$x \approx 99{,}90$$

  Berechnung der prozentualen Abnahme der Besucherzahlen:
  $100\,\% - 99{,}90\,\% = \mathbf{0{,}10\,\%}$

  Aussage B ist **richtig**, die Besucherzahlen sind um ca. 0,10 % gesunken.

  oder

  Berechnung der Abnahme der Besucherzahlen:
  $2\,077\,000 - 2\,075\,000 = 2\,000$

  Berechnung der prozentualen Abnahme der Besucherzahlen:

  Lösung mit dem Dreisatz:

  $$:2\,077\,000 \quad 2\,077\,000 \text{ BS} \mathrel{\hat=} 100\,\% \quad :2\,077\,000$$
  $$\cdot 2\,000 \quad 1 \text{ BS} \mathrel{\hat=} \frac{100}{2\,077\,000}\,\% \quad \cdot 2\,000$$
  $$2\,000 \text{ BS} \mathrel{\hat=} \frac{100 \cdot 2\,000}{2\,077\,000}\,\% \approx 0{,}10\,\%$$

  oder

  Lösung über proportionale Zuordnung:
  $$\frac{x}{2\,000} = \frac{100}{2\,077\,000} \quad | \cdot 2\,000$$
  $$x = \frac{100 \cdot 2\,000}{2\,077\,000}$$
  $$x \approx 0{,}10$$

  Aussage B ist **richtig**, die Besucherzahlen sind um ca. 0,10 % gesunken.

- Überprüfung von Aussage C:
  Anzahl aller Besucher 2013: $2\,075\,000+984\,000+1\,036\,000=4\,095\,000$
  Anzahl aller Besucher 2014: $4\,400\,000$

  Berechnung des prozentualen Anteils der Besucherzahlen:

  Lösung mit dem Dreisatz:

$$\begin{aligned} &:4\,095\,000 \quad & 4\,095\,000\text{ BS} &\mathrel{\hat{=}} 100\,\% \quad &:4\,095\,000\\ &\cdot 4\,400\,000 \quad & 1\text{ BS} &\mathrel{\hat{=}} \frac{100}{4\,095\,000}\,\% \quad &\cdot 4\,400\,000\\ && 4\,400\,000\text{ BS} &\mathrel{\hat{=}} \frac{100\cdot 4\,400\,000}{4\,095\,000}\,\% &\\ &&&\approx 107{,}45\,\% & \end{aligned}$$

  oder

  Lösung über proportionale Zuordnung:

$$\frac{x}{4\,400\,000}=\frac{100}{4\,095\,000} \quad |\cdot 4\,400\,000$$

$$x=\frac{100\cdot 4\,400\,000}{4\,095\,000}$$

$$x\approx 107{,}45$$

  Berechnung der prozentualen Zunahme der Besucherzahlen:
  $107{,}45\,\%-100\,\%=\mathbf{7{,}45\,\%}$

  Aussage C ist **falsch**, der Zuwachs beträgt sogar ca. 7,45 %.

  oder

  Berechnung der Zunahme der Besucherzahlen:
  $4\,400\,000-4\,095\,000=305\,000$

  Berechnung der prozentualen Zunahme der Besucherzahlen:

  Lösung mit dem Dreisatz:

$$\begin{aligned} &:4\,095\,000 \quad & 4\,095\,000\text{ BS} &\mathrel{\hat{=}} 100\,\% \quad &:4\,095\,000\\ &\cdot 305\,000 \quad & 1\text{ BS} &\mathrel{\hat{=}} \frac{100}{4\,095\,000}\,\% \quad &\cdot 305\,000\\ && 305\,000\text{ BS} &\mathrel{\hat{=}} \frac{100\cdot 305\,000}{4\,095\,000}\,\% &\\ &&&\approx 7{,}45\,\% & \end{aligned}$$

  oder

  Lösung über proportionale Zuordnung:

$$\frac{x}{305\,000}=\frac{100}{4\,095\,000} \quad |\cdot 305\,000$$

$$x=\frac{100\cdot 305\,000}{4\,095\,000}$$

$$x\approx 7{,}45$$

  Aussage C ist **falsch**, der Zuwachs beträgt sogar ca. 7,45 %.

b) Da es drei Neugeborene sind, handelt es sich um ein dreistufiges Baumdiagramm.

Einzelwahrscheinlichkeiten:

Neugeborenes ist männlich (m): $P(m)=50\,\%=\frac{1}{2}$

Neugeborenes ist weiblich (w): $P(w)=50\,\%=\frac{1}{2}$

Baumdiagramm:

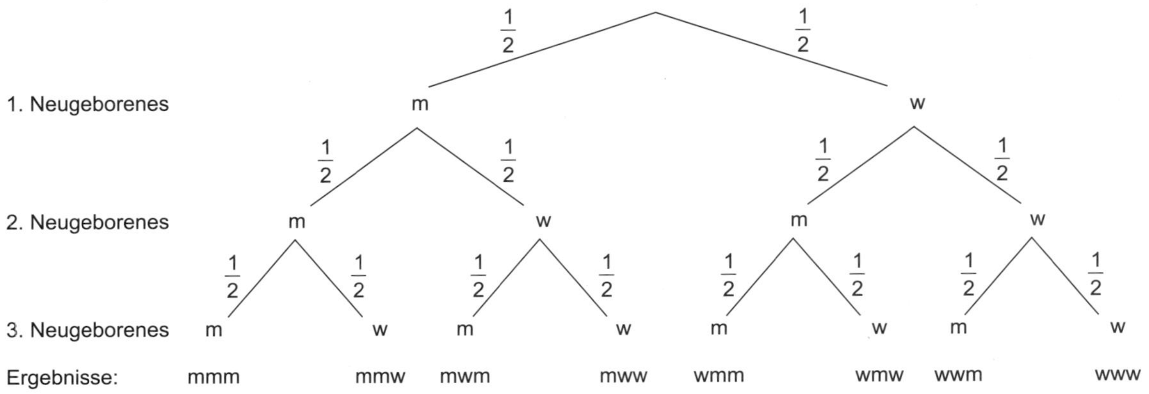

1. Möglichkeit: Berechnung über das Gegenereignis
Da 7 von 8 Pfaden zum Ereignis „mind. ein männl. Neugeborenes" führen, ist es günstig, zunächst die Wahrscheinlichkeit des Gegenereignisses „kein männl. Neugeborenes" (www) mit der 1. Pfadregel zu berechnen.

Berechnung der Wahrscheinlichkeit des Gegenereignisses mithilfe der 1. Pfadregel:

$P(www) = \frac{1}{2} \cdot \frac{1}{2} \cdot \frac{1}{2} = \frac{1}{8} = 0{,}125 = 12{,}5\ \%$

Berechnung der Wahrscheinlichkeit des Ereignisses:

$P(\text{mind. ein männl. Neugeborenes}) = 1 - P(www) = 1 - 0{,}125 = 0{,}875 = \mathbf{87{,}5\ \%}$

Die Wahrscheinlichkeit, dass von den 3 Neugeborenen mindestens eines männlich ist, beträgt 87,5 %.

2. *Möglichkeit:* Direkte Berechnung (1. und 2. Pfadregel)

$P(\text{mind. ein männl. Neugeborenes}) = P(mmm) + P(mmw) + P(mwm) + P(mww) + P(wmm) + P(wmw) + P(wwm)$

$= \frac{1}{2}\cdot\frac{1}{2}\cdot\frac{1}{2} + \frac{1}{2}\cdot\frac{1}{2}\cdot\frac{1}{2} + \frac{1}{2}\cdot\frac{1}{2}\cdot\frac{1}{2} + \frac{1}{2}\cdot\frac{1}{2}\cdot\frac{1}{2} + \frac{1}{2}\cdot\frac{1}{2}\cdot\frac{1}{2} + \frac{1}{2}\cdot\frac{1}{2}\cdot\frac{1}{2} + \frac{1}{2}\cdot\frac{1}{2}\cdot\frac{1}{2}$

$= \frac{1}{8} + \frac{1}{8} + \frac{1}{8} + \frac{1}{8} + \frac{1}{8} + \frac{1}{8} + \frac{1}{8}$

$= \frac{7}{8} = 0{,}875 = \mathbf{87{,}5\ \%}$

Die Wahrscheinlichkeit, dass von den 3 Neugeborenen mindestens eines männlich ist, beträgt 87,5 %.

c) Gegeben: $a = \overline{AK} = 750$ m; $k = \overline{KB} = 1\,040$ m; $b = \overline{BR} = 610$ m
$\sphericalangle ARB = \gamma = 110°$

Das allgemeine Viereck KBRA wird durch Einzeichnen der Diagonale $d = \overline{AB}$ in das rechtwinklige Teildreieck AKB und das allgemeine Dreieck ABR zerlegt.

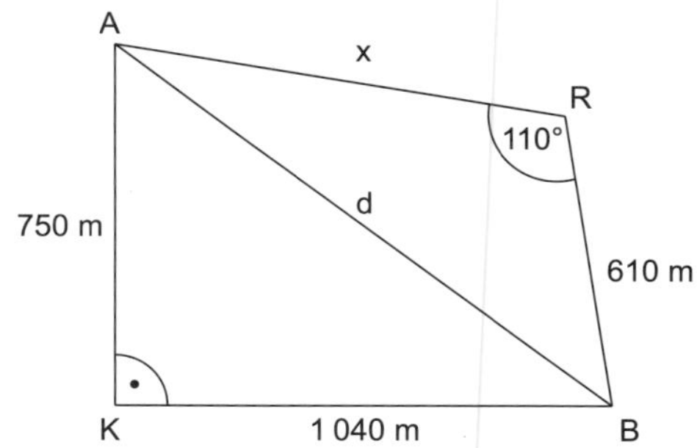

Berechnung von d mit dem Satz von Pythagoras im rechtwinkligen Dreieck AKB:

$d^2 = 750^2 + 1\,040^2$

$d^2 = 1\,644\,100 \quad |\sqrt{\ }$

$d \approx 1\,282{,}22$

Betrachtung des Dreiecks ABR:

Um mithilfe des Sinussatzes die Länge der Strecke x berechnen zu können, muss zunächst der Winkel β berechnet werden. Dazu wird zunächst der Winkel α bestimmt.

Berechnung von α mithilfe des Sinussatzes im Dreieck ABR:

$\frac{610}{\sin\alpha} = \frac{1\,282{,}22}{\sin 110°} \quad |\cdot \sin 110° \quad |\cdot \sin\alpha$

$610 \cdot \sin 110° = 1\,282{,}22 \cdot \sin\alpha \quad |:1\,282{,}22$

$\sin\alpha = \frac{610 \cdot \sin 110°}{1\,282{,}22}$

$\sin\alpha = 0{,}44704\ldots$

$\alpha \approx 26{,}55°$

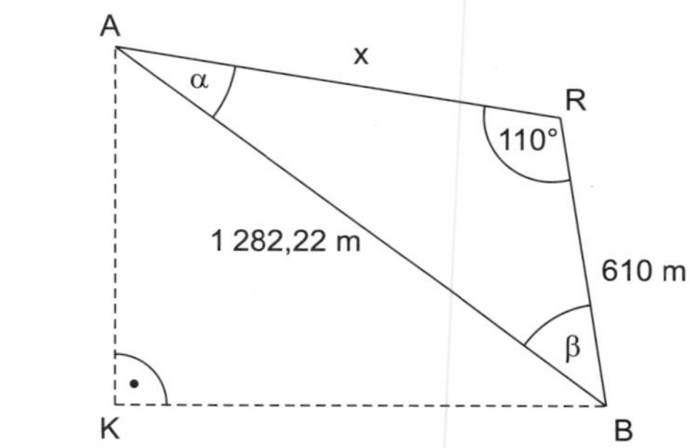

Berechnung von β mithilfe der Innenwinkelsumme im Dreieck:

$26{,}55° + \beta + 110° = 180°$

$\beta + 136{,}55° = 180° \quad |-136{,}55°$

$\beta = 43{,}45°$

Berechnung von x mithilfe des Sinussatzes im Dreieck ABR:

$\frac{x}{\sin 43{,}45°} = \frac{610}{\sin 26{,}55°} \quad |\cdot \sin 43{,}45°$ **oder** $\frac{x}{\sin 43{,}45°} = \frac{1\,282{,}22}{\sin 110°} \quad |\cdot \sin 43{,}45°$

$x = \frac{610 \cdot \sin 43{,}45°}{\sin 26{,}55°}$ $\qquad$ $x = \frac{1\,282{,}22 \cdot \sin 43{,}45°}{\sin 110°}$

$x \approx 938{,}55$ $\qquad$ $x \approx 938{,}40$

Hinweis: Die unterschiedlichen Nachkommastellen von x sind die Folge vom Rechnen mit gerundeten Werten. Sie sind aber für die weitere Rechnung unerheblich.

Berechnung der Gesamtlänge Krokodilhaus – Bärenanlage – Raubtierhaus – Affenhaus – Krokodilhaus:
$1\,040\text{ m} + 610\text{ m} + 938{,}55\text{ m} + 750\text{ m} = 3\,338{,}55\text{ m} \approx 3{,}3\text{ km}$

Ben hat **nicht recht**. Die Klasse muss nur ca. 3,3 km laufen.

---

180 a) Da Kira zwei weiße Lose gezogen hat, erhält sie 20 % Rabatt.

1. Möglichkeit: Berechnung über die Rabatthöhe
Berechnung der Rabatthöhe (20 %):

Lösung mit dem Dreisatz:

$$\begin{array}{rrcll} & 100\,\% & \hat{=} & 69{,}90\text{ €} & \\ :100 & 1\,\% & \hat{=} & 0{,}699\text{ €} & :100 \\ \cdot 20 & 20\,\% & \hat{=} & 13{,}98\text{ €} & \cdot 20 \end{array}$$

oder

Lösung über proportionale Zuordnung:

$$\frac{x}{20} = \frac{69{,}90}{100} \quad |\cdot 20$$
$$x = \frac{69{,}90 \cdot 20}{100}$$
$$x = 13{,}98$$

Berechnung des neuen Preises:
$69{,}90\text{ €} - 13{,}98\text{ €} = \mathbf{55{,}92\text{ €}}$
Kira muss 55,92 € bezahlen.

oder
2. Möglichkeit: Direkte Berechnung
Da die Halskette um 20 % reduziert wird, beträgt der neue Preis $100\,\% - 20\,\% = 80\,\%$ vom alten Preis.

Berechnung des neuen Preises:

Lösung mit dem Dreisatz:

$$\begin{array}{rrcll} & 100\,\% & \hat{=} & 69{,}90\text{ €} & \\ :100 & 1\,\% & \hat{=} & 0{,}699\text{ €} & :100 \\ \cdot 80 & 80\,\% & \hat{=} & 55{,}92\text{ €} & \cdot 80 \end{array}$$

Kira muss **55,92 €** bezahlen.

oder

Lösung über proportionale Zuordnung:

$$\frac{x}{80} = \frac{69{,}90}{100} \quad |\cdot 80$$
$$x = \frac{69{,}90 \cdot 80}{100}$$
$$x = 55{,}92$$

Kira muss **55,92 €** bezahlen.

b) Die Aussage stimmt nicht, denn durch das Ziehen nur eines Loses gewinnt man nichts. Erst durch das zweifache Ziehen hat man überhaupt Gewinnchancen, aber auch nur dann, wenn man zwei gleiche Farben zieht. Bei den Farbkombinationen „Rot – Weiß“ und „Weiß – Rot“ gewinnt man nichts, deshalb ist die Aussage irreführend und nicht korrekt.

c) Es handelt sich um einen zweistufigen Zufallsversuch „ohne Zurücklegen“. Es sind insgesamt 50 Lose im Topf, davon sind 42 weiß (w) und 8 rot (r).

Baumdiagramm:

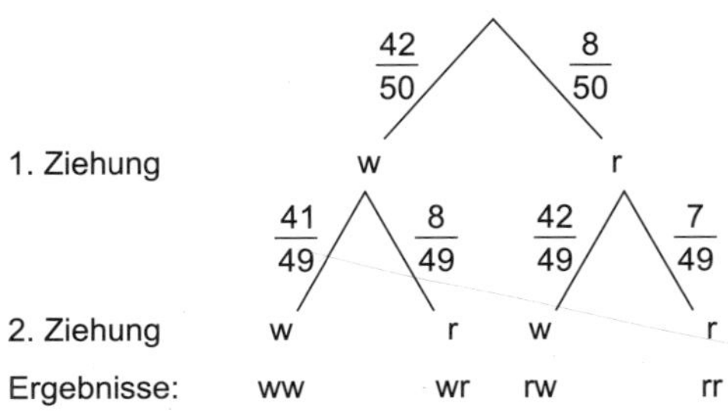

d) Man erhält 20 % Rabatt, wenn man 2 weiße Lose zieht.

Berechnung der Wahrscheinlichkeit mithilfe der 1. Pfadregel:

$$P(ww) = \frac{42}{50} \cdot \frac{41}{49} \approx 0{,}7029 = \mathbf{70{,}29\,\%}$$

Die Wahrscheinlichkeit, 20 % Rabatt zu erhalten, beträgt etwa 70,29 %.

e) Man erhält 50 % Rabatt, wenn man 2 rote Lose zieht.

Berechnung der Wahrscheinlichkeit mithilfe der 1. Pfadregel:

$P(rr) = \frac{8}{50} \cdot \frac{7}{49} \approx 0{,}0229 = \mathbf{2{,}29\ \%}$

Die Wahrscheinlichkeit, 50 % Rabatt zu erhalten, beträgt etwa 2,29 %.

f) Berechnung des Prozentsatzes der Kunden, die keinen Rabatt erhalten:

Berechnung über das Gegenereignis:

Wahrscheinlichkeit, einen Rabatt zu erhalten:

$P(\text{Rabatt}) = P(ww) + P(rr)$
$= 70{,}29\ \% + 2{,}29\ \%$
$= 72{,}58\ \% = 0{,}7258$

Wahrscheinlichkeit, keinen Rabatt zu erhalten:

$P(\text{kein Rabatt}) = 1 - P(\text{Rabatt})$
$= 1 - 0{,}7258$
$= 0{,}2742 = 27{,}42\ \%$

oder

Direkte Berechnung:

Wahrscheinlichkeit, keinen Rabatt zu erhalten:

$P(\text{kein Rabatt}) = P(wr) + P(rw)$
$= \frac{42}{50} \cdot \frac{8}{49} + \frac{8}{50} \cdot \frac{42}{49}$
$\approx 0{,}1371 + 0{,}1371$
$= 0{,}2742 = 27{,}42\ \%$

Prüfen der Behauptung von Frau Neumann:

Frau Neumann behauptet, dass jeder dritte Kunde keinen Rabatt erhält. „Jeder dritte Kunde" bedeutet dasselbe wie „ein Drittel aller Kunden".

$\frac{1}{3} = 0{,}\overline{3} \approx 33{,}33\ \%$

Die Rechnung von Frau Neumann stimmt **nicht**. Es sind nicht etwa 33 %, sondern nur etwa 27 % aller Kunden, die durchschnittlich keinen Rabatt erhalten.

181 a) Beschriften des Koordinatensystems:

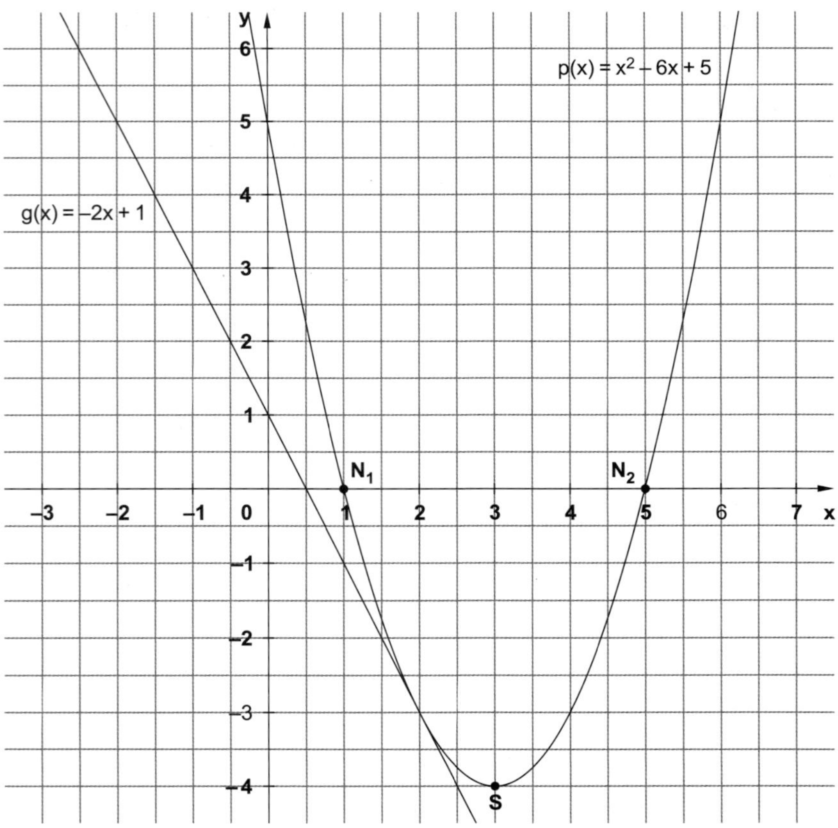

Ablesen der Werte aus der Zeichnung: $S(\mathbf{3}\,|\,\mathbf{-4})$ und $N_1(\mathbf{1}\,|\,\mathbf{0})$ und $N_2(\mathbf{5}\,|\,\mathbf{0})$

b) *1. Möglichkeit:* Nachweis über die Scheitelpunktformen

- Scheitelpunktform der abgebildeten Parabel:
  Die allgemeine Scheitelpunktform ist $y=(x+d)^2+e$ mit Scheitelpunkt $S(-d\,|\,e)$. Die abgebildete Parabel hat den Scheitelpunkt $S(3\,|\,-4)$ und damit lautet ihre Scheitelpunktform:
  $y=(x-3)^2-4$
- Scheitelpunktform der gegebenen Funktionsgleichung:
  Die gegebene allgemeine Form $y=x^2-6x+5$ wird mittels quadratischer Ergänzung in die Scheitelpunktform umgewandelt:
  $y=x^2-6x+5$
  $y=x^2-6x+\left(\frac{6}{2}\right)^2-\left(\frac{6}{2}\right)^2+5$
  $y=x^2-6x+9-9+5$
  $y=(x-3)^2-4$

Da die Scheitelpunktformen übereinstimmen, gehört die gegebene Funktionsgleichung zur Parabel.

oder

2. Möglichkeit: Bestimmung der Funktionsgleichung über die Scheitelpunktform
Um die Funktionsgleichung der abgebildeten Parabel zu bestimmen, wird der Scheitelpunkt $S(3\,|\,-4)$, allgemein $S(-d\,|\,e)$, in die Scheitelpunktform der verschobenen Normalparabel $y=f(x)=(x+d)^2+e$ eingesetzt.

Für den Scheitelpunkt $S(3\,|\,-4)$, also $d=-3$ und $e=-4$, erhält man:
$y=(x-3)^2-4$
$y=x^2-6x+9-4$
$y=x^2-6x+5$
Die gegebene Funktionsgleichung gehört somit zur abgebildeten Parabel.

oder

3. Möglichkeit: Überprüfung der Punkte der Parabel anhand einer Wertetabelle
Berechnung der y-Werte von $y=x^2-6x+5$:

x	0	1	2	3	4	5	6
y	5	0	–3	–4	–3	0	5

Die Koordinaten der Punkte auf der Parabel stimmen mit den berechneten Koordinaten der Wertetabelle überein. Damit gehört die gegebene Funktionsgleichung zur abgebildeten Parabel.

Hinweis: Da eine verschobene Normalparabel durch 2 Punkte eindeutig festgelegt ist, hätte es genügt zu zeigen, dass 2 berechnete Punkte mit Punkten auf der Parabel übereinstimmen.

c) Nullstellen sind die x-Koordinaten der Schnittpunkte der Parabel mit der x-Achse. Da für jeden Schnittpunkt mit der x-Achse die y-Koordinate 0 wird, setzt man $y=0$. Die Berechnung der Nullstellen erfolgt mithilfe der p-q-Formel:

$x^2-6x+5=0$ (Normalform; $p=-6$; $q=5$)

$x_{1/2}=-\frac{p}{2}\pm\sqrt{\left(\frac{p}{2}\right)^2-q}$

$x_{1/2}=-\frac{-6}{2}\pm\sqrt{\left(\frac{-6}{2}\right)^2-5}$

$x_{1/2}=3\pm\sqrt{9-5}$

$x_{1/2}=3\pm\sqrt{4}$

$x_{1/2}=3\pm 2$

$x_1=3+2=5;\ x_2=3-2=1$

Der Graph schneidet die x-Achse an den Stellen $x_1=1$ und $x_2=5$.

d) Da es um die Berechnung eines Schnittpunktes der Parabel p mit der Geraden g geht, werden die zugehörigen Funktionsgleichungen $p(x) = x^2 - 6x + 5$ und $g(x) = -2x + n$ gleichgesetzt:

Berechnung der x-Koordinaten x_S mithilfe der p-q-Formel:

$$p(x_S) = g(x_S)$$
$$x_S^2 - 6x_S + 5 = -2x_S + n \quad |+2x_S - n$$
$$x_S^2 - 4x_S + 5 - n = 0 \quad \text{(Normalform; } p = -4;\ q = 5 - n)$$

Einsetzen in die p-q-Formel:

$$x_{1/2} = -\frac{p}{2} \pm \sqrt{\left(\frac{p}{2}\right)^2 - q}$$
$$x_{1/2} = -\frac{-4}{2} \pm \sqrt{\left(\frac{-4}{2}\right)^2 - (5-n)}$$
$$x_{1/2} = 2 \pm \sqrt{4 - 5 + n}$$
$$x_{1/2} = 2 \pm \sqrt{-1 + n}$$

Damit die Parabel und die Gerade nur einen Schnittpunkt haben, sich also für x_s nur eine Lösung ergibt, muss der Ausdruck unter dem Wurzelzeichen (Diskriminante) $-1 + n$ null werden:

$$-1 + n = 0 \quad |+1$$
$$n = 1$$

Wenn n in der Geradengleichung durch 1 ersetzt wird, haben die Parabel und die Gerade nur einen gemeinsamen Punkt (an der Stelle $x_s = 2$). Die Geradengleichung lautet: $\mathbf{g(x) = -2x + 1}$

Einzeichnen der Geraden g in das vorhandene Koordinatensystem: siehe Seite 80

---

182 a) Der viereckige Garten hat die Form eines Trapezes.

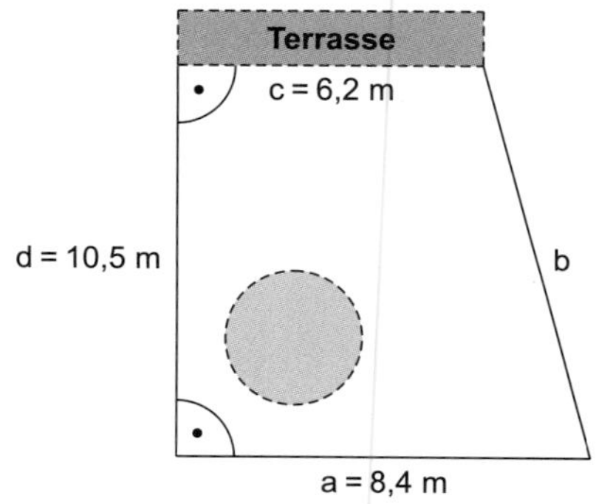

Berechnung des Flächeninhalts:

Gegeben: parallele Seiten: $a = 8{,}4$ m; $c = 6{,}2$ m
Trapezhöhe: $h = d = 10{,}5$ m

Gesucht: A

$$A = \frac{1}{2}(a + c) \cdot h$$
$$A = \frac{1}{2}(8{,}4 + 6{,}2) \cdot 10{,}5$$
$$A = 76{,}65$$

Der Flächeninhalt des Gartens beträgt **76,65 m²** und ist somit **etwas größer** als im Kaufvertrag angegeben.

b) • Länge der Hecke:

Durch Einzeichnen der Höhe h findet man ein rechtwinkliges Dreieck.

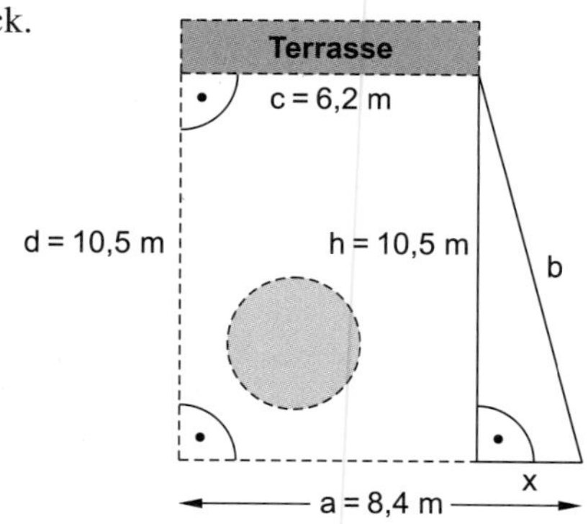

Kathetenlängen im rechtwinkligen Dreieck:

$h = d = 10{,}5$ m

$x = a - c = 8{,}4\ \text{m} - 6{,}2\ \text{m} = 2{,}2$ m

Berechnung der Seite b mit dem Satz von Pythagoras:

$$b^2 = h^2 + x^2$$
$$b^2 = 10{,}5^2 + 2{,}2^2$$
$$b^2 = 115{,}09 \quad |\sqrt{\ }$$
$$b \approx 10{,}73$$

Berechnung der Länge der gesamten Hecke:

$d + a + b = 10{,}5\ \text{m} + 8{,}4\ \text{m} + 10{,}73\ \text{m} = \mathbf{29{,}63\ m}$

Die gesamte Hecke wird etwa 29,63 m lang.

- Anzahl der Buchsbaum-Pflanzen für die 29,63 m lange Hecke:

  Lösung mit dem Dreisatz: **oder** Lösung über proportionale Zuordnung:

  $$\cdot 29{,}63 \left(\begin{array}{rl} 1\text{ m} \mathrel{\hat=} & 10\text{ Pflanzen} \\ 29{,}63\text{ m} \mathrel{\hat=} & 296{,}3\text{ Pflanzen} \\ \approx & 296\text{ Pflanzen} \end{array} \right) \cdot 29{,}63$$

  $$\frac{x}{29{,}63} = \frac{10}{1} \qquad | \cdot 29{,}63$$
  $$x = 10 \cdot 29{,}63$$
  $$x = 296{,}3$$
  $$x \approx 296$$

  Für die Hecke braucht man insgesamt **296 Buchsbaum-Pflanzen.**

  Hinweis: Man kann nur ganze Pflanzen kaufen.

- Vergleich der Angebote:

  Angebot 1:

  Wenn Familie Gärtner 296 Pflanzen zum Preis von 1,20 € pro Pflanze kauft, zahlt sie insgesamt:
  $296 \cdot 1{,}20\text{ €} = 355{,}20\text{ €}$

  Wenn Familie Gärtner 300 Pflanzen zum billigeren Preis von 1,10 € pro Pflanze kauft, zahlt sie insgesamt:
  $300 \cdot 1{,}10\text{ €} = 330\text{ €}$

  Bei Angebot 1 zahlt Familie Gärtner im billigsten Fall 330 €.

  Angebot 2:

  Die Pflanzen werden in 9er-Packen zum Preis von jeweils 10 € verkauft. Familie Gärtner braucht für ihre 296 Pflanzen $296 : 9 \approx 32{,}89 \approx 33$ solche 9er-Packe. Dafür zahlt sie insgesamt:
  $33 \cdot 10\text{ €} = 330\text{ €}$

  Vergleich der Angebote:
  Familie Gärtner sollte **Angebot 1** wählen.

  Begründung:

  Bei beiden Angeboten beträgt der günstigste Gesamtpreis 330 €. Bei Angebot 1 erhält Familie Gärtner dafür 300 Pflanzen, während sie bei Angebot 2 nur $33 \cdot 9 = 297$ Pflanzen bekommt. Die zusätzlichen Pflanzen kann sie anderweitig einpflanzen oder verkaufen.

c)
- Es handelt sich um einen **exponentiellen** Wachstumsvorgang.

  Begründung:

  Der Flächeninhalt der Wasserlinsenfläche wächst jeden Tag auf das Doppelte des vorherigen Wertes an, d. h., nach jedem Tag wird die vorhandene Flächengröße mit dem Faktor 2 multipliziert. Der Wachstumsfaktor ist also 2. Wäre es ein linearer Wachstumsvorgang, würde sich der Flächeninhalt von Tag zu Tag um denselben (festen) Wert erhöhen.

- Schrittweise Berechnung der Fläche der Wasserlinsen am darauffolgenden Donnerstag:
  Die Fläche der Wasserlinsen verdoppelt sich pro Tag. Es gilt also:

  Fläche am Freitag: $y = 100\text{ cm}^2$
  Fläche am Samstag: $y = 2 \cdot 100\text{ cm}^2 = 200\text{ cm}^2$
  Fläche am Sonntag: $y = 2 \cdot 200\text{ cm}^2 = 400\text{ cm}^2$
  Fläche am Montag: $y = 2 \cdot 400\text{ cm}^2 = 800\text{ cm}^2$
  Fläche am Dienstag: $y = 2 \cdot 800\text{ cm}^2 = 1\,600\text{ cm}^2$
  Fläche am Mittwoch: $y = 2 \cdot 1\,600\text{ cm}^2 = 3\,200\text{ cm}^2$
  Fläche am **Donnerstag**: $y = 2 \cdot 3\,200\text{ cm}^2 = \mathbf{6\,400\text{ cm}^2}$

  oder

  Berechnung der Fläche der Wasserlinsen mithilfe der allgemeinen Funktionsgleichung $y = a \cdot q^x$:

  Anfangswert: $a = 100$
  Wachstumsrate: $p\,\% = 100\,\%$ (Da sich die Fläche verdoppelt, nimmt sie jeweils um 100 % zu.)
  Wachstumsfaktor: $q = 1 + \frac{p}{100} = 1 + \frac{100}{100} = 1 + 1 = 2$

  Damit ergibt sich als Funktionsgleichung: $y = a \cdot q^x = 100 \cdot 2^x$

Berechnung der Flächengröße am darauffolgenden Donnerstag:
Anzahl der Tage (von Freitag bis Donnerstag): $x = 6$
$y = 100 \cdot 2^6 = \mathbf{6\,400}$

Berechnung der Gesamtfläche des Teichs in cm^2:
Gegeben: $d = 2{,}5\text{ m} \Rightarrow r = 1{,}25\text{ m} = 125\text{ cm}$
Gesucht: A
$A = \pi \cdot r^2$
$A = \pi \cdot (125)^2$
$A \approx 49\,087{,}39$
Der Teich hat eine Fläche von etwa **49 087,39 cm^2**.

Berechnung des prozentualen Anteils der Fläche der Wasserlinsen am Teich:

Lösung mit dem Dreisatz:

$$\begin{aligned} &: 49\,087{,}39 && 49\,087{,}39\text{ cm}^2 \mathrel{\hat{=}} 100\,\% && :49\,087{,}39 \\ & && 1\text{ cm}^2 \mathrel{\hat{=}} \frac{100}{49\,087{,}39}\,\% && \\ &\cdot 6\,400 && 6\,400\text{ cm}^2 \mathrel{\hat{=}} \frac{100 \cdot 6\,400}{49\,087{,}39}\,\% && \cdot 6\,400 \\ & && \approx 13{,}04\,\% && \end{aligned}$$

oder

Lösung über proportionale Zuordnung:

$$\frac{x}{6\,400} = \frac{100}{49\,087{,}39} \quad | \cdot 6\,400$$
$$x = \frac{100 \cdot 6\,400}{49\,087{,}39}$$
$$x \approx 13{,}04$$

Am Donnerstag sind etwa **13 %** des Teichs mit Wasserlinsen bedeckt.

- *1. Möglichkeit:* Lösung über den Prozentsatz
  Schrittweise Berechnung der Anzahl der Tage, bis der Teich vollständig bedeckt ist:
  Am Donnerstag sind 13 % des Teichs mit Wasserlinsen bedeckt. Da sich die Fläche der Wasserlinsen pro Tag verdoppelt, verdoppelt sich auch der Prozentsatz, den sie vom Teich einnehmen. Damit gilt:
  Fläche am Donnerstag: 13 %
  Fläche am Freitag: $2 \cdot 13\,\% = 26\,\%$
  Fläche am Samstag: $2 \cdot 26\,\% = 52\,\%$
  Fläche am Sonntag: $2 \cdot 52\,\% = 104\,\%$
  Nach **drei weiteren Tagen** ist der Teich vollständig mit Wasserlinsen bedeckt.

  oder
  2. Möglichkeit: Lösung über den Flächeninhalt
  Am Donnerstag sind 6 400 cm^2 des 49 087,39 cm^2 großen Teichs mit Wasserlinsen bedeckt. Die Fläche verdoppelt sich weiterhin pro Tag:
  Fläche am Donnerstag: $y = 6\,400\text{ cm}^2$
  Fläche am Freitag: $y = 2 \cdot 6\,400\text{ cm}^2 = 12\,800\text{ cm}^2$
  Fläche am Samstag: $y = 2 \cdot 12\,800\text{ cm}^2 = 25\,600\text{ cm}^2$
  Fläche am Sonntag: $y = 2 \cdot 25\,600\text{ cm}^2 = 51\,200\text{ cm}^2$
  Nach **drei weiteren Tagen** ist der Teich vollständig mit Wasserlinsen bedeckt.

---

183 a) Frau Kauf fährt auf ihrer Rolltreppe von oben nach unten und erreicht nach 12 Sekunden die 8 m tiefer liegende Etage.
Herr Rausch fährt auf seiner Rolltreppe von unten nach oben und erreicht nach 16 Sekunden die 8 m höher liegende Etage. Somit ist seine Rolltreppe langsamer.

b) Der Graph der Rolltreppe von Herrn Rausch ist eine Ursprungsgerade und entspricht damit dem Graphen einer proportionalen Zuordnung.

Rolltreppe von Frau Kauf:
$y = -\frac{2}{3}x + 8$ **oder** $f_1(x) = -\frac{2}{3}x + 8$

Rolltreppe von Herrn Rausch:
$y = \frac{1}{2}x$ **oder** $f_2(x) = 0{,}5x$

c) *Rechnerische Lösung:*

$$-\frac{2}{3}x+8=\frac{1}{2}x \quad \Big| +\frac{2}{3}x$$

$$8=\frac{1}{2}x+\frac{2}{3}x$$

$$8=\frac{3}{6}x+\frac{4}{6}x$$

$$8=\frac{7}{6}x \quad \Big| \cdot\frac{6}{7}$$

$$x\approx 6{,}86$$

Frau Kauf und Herr Rausch treffen sich nach **6,86 Sekunden** Fahrtzeit.

$x=6{,}86$ in $y=\frac{1}{2}x$ einsetzen:

$$y=\frac{1}{2}\cdot 6{,}86=3{,}43$$

Der Treffpunkt hat die Koordinaten **(6,86 | 3,43)**.

oder

Grafische Lösung:

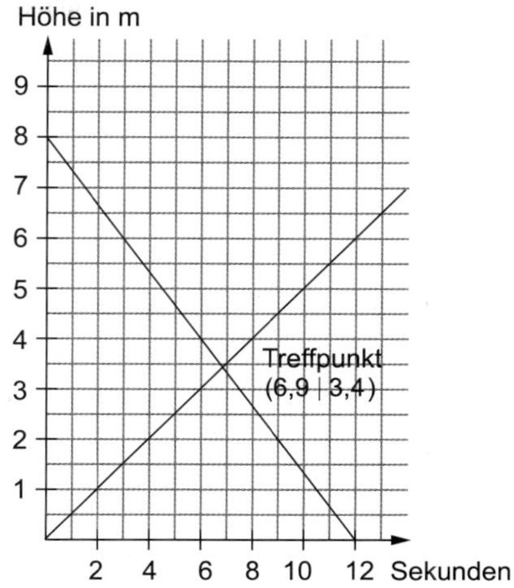

Frau Kauf und Herr Rausch treffen sich nach **6,9 Sekunden** Fahrtzeit.
Der Treffpunkt hat die Koordinaten **(6,9 | 3,4)**.

d) • Zeichnung:

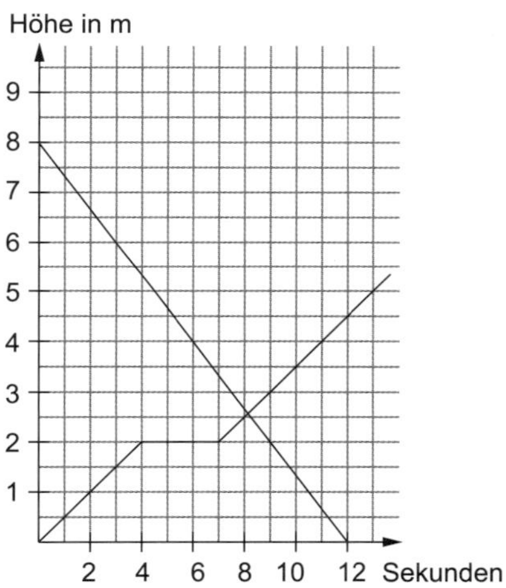

• Sie fahren in einer Höhe von etwa **2,5 m** bzw. **2,6 m** aneinander vorbei. (exakte Lösung: 2,57 m)

---

184 a) Bezeichnung an der x-Achse: Zeit in Jahren
Bezeichnung an der y-Achse: Preis in Cent

Hinweis:
Auch die Beschriftung mit „Zeit" und „Preis" oder „Jahre" und „Cent" wird akzeptiert.

b)

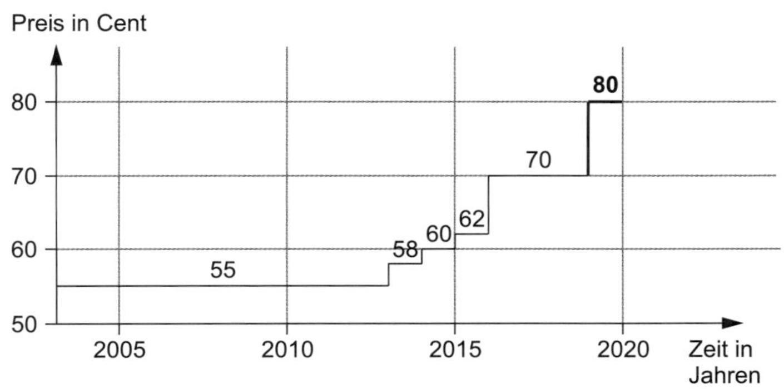

c)

	wahr	falsch
Im Jahr 2016 stieg das Porto um 0,08 €.	☒	☐

Begründung:
Es ist zu prüfen, ob die Differenz des Portos aus den Jahren 2016 und 2015 0,08 € beträgt:
Porto 2016 – Porto 2015 = 70 ct – 62 ct = 8 ct
Ergebnis: 8 ct = 0,08 €
Die Aussage ist richtig.

2019 stieg der Preis für einen Standardbrief um mehr als 14 %.	☒	☐

Begründung:
Es ist zu prüfen, ob das Porto im Jahr 2019 um mehr als 14 % gegenüber dem Vorjahr gestiegen ist, also auf mehr als 114 % angestiegen ist.
Porto 2018: 70 ct; Porto 2019: 80 ct

Lösung über Dreisatz:

$$:70\ \left(\ 70\text{ ct} \mathrel{\hat=} 100\,\%\ \right):70$$
$$\cdot 80\ \left(\ 1\text{ ct} \mathrel{\hat=} \frac{100}{70}\,\%\ \right)\cdot 80$$
$$80\text{ ct} \mathrel{\hat=} \frac{100\cdot 80}{70}\,\% \approx 114{,}29\,\%$$

oder

Lösung über proportionale Zuordnung:

$$\frac{100}{70} = \frac{x}{80} \quad |\cdot 80$$
$$x = \frac{100\cdot 80}{70}$$
$$x \approx 114{,}29$$

Ergebnis: 114,29 % > 114 %
Die Aussage ist richtig.

Von 2012 bis 2020 ist das Porto 4-mal erhöht worden.	☐	☒

Begründung:
Erste Erhöhung auf 58 ct: 2013
Zweite Erhöhung auf 60 ct: 2014
Dritte Erhöhung auf 62 ct: 2015
Vierte Erhöhung auf 70 ct: 2016
Fünfte Erhöhung auf 80 ct: 2019

Ergebnis: Das Porto ist 5-mal erhöht worden. Die Aussage ist falsch.

d) Lena könnte folgende Begründungen für die falsche Darstellung vorbringen (Das korrekte Säulendiagramm ist rechts abgebildet.):

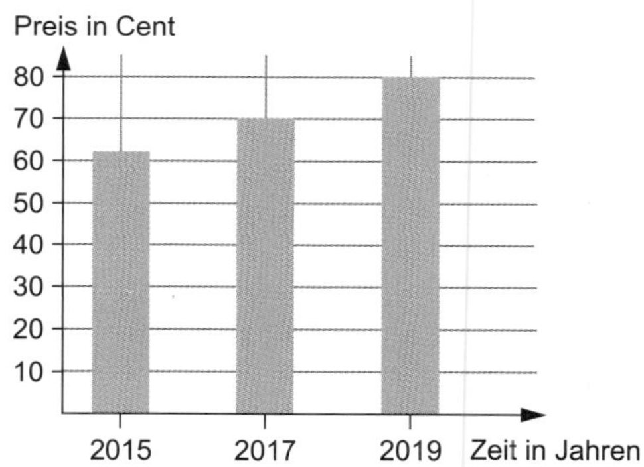

- Nikos Diagramm ist kein Säulendiagramm, so wie es in der Aufgabenstellung verlangt war. In einem Säulendiagramm unterscheiden sich die Säulen nur durch ihre Höhe, die Breite der Säulen bleibt immer gleich.
- In Nikos Diagramm beginnt die Einteilung der y-Achse nicht bei 0 ct, sondern bei 55 ct. Dadurch werden die Abstände zwischen den Einheiten wesentlich größer und es entsteht der Eindruck, als wäre das Porto zweimal enorm gestiegen. Tatsächlich betragen die Änderungen „nur" 8 ct bzw. 10 ct.
- Die Verwendung von Briefmarken als Darstellungsmittel passt zwar zum Thema, verfälscht aber durch die Vergrößerung der gesamten Briefmarkenfläche den Sachverhalt. Es wird nicht nur die Höhe der Briefmarke verändert, sondern auch die Breite. So ist z. B. die Briefmarke, die das Jahr 2017 darstellt, etwa doppelt so lang und breit wie die Briefmarke für das Jahr 2015, hat also einen viermal so großen Flächeninhalt. Tatsächlich beträgt die Erhöhung aber nicht, wie dem Betrachter vorgetäuscht wird, 400 %, sondern nur 13 %.

Mittlerer Schulabschluss und erweiterte Berufsbildungsreife 2020

Aufgabe 1

a) *Überlegungen:*

- „4 von 10 Bäumen" entspricht $\frac{4}{10} = \frac{40}{100} = 40\,\%$.
- „Jeder 4. Baum" entspricht $\frac{1}{4} = \frac{25}{100} = 25\,\%$.
- „4 von 100 Bäumen" entspricht $\frac{4}{100} = 4\,\%$.

Es gilt:

☐ 4 von 10 Bäumen wachsen nicht an.

☐ Jeder 4. Baum wächst nicht an.

☒ 4 von 100 Bäumen wachsen nicht an.

b) Ein Punkt P(x | y) liegt dann auf der x-Achse, wenn die y-Koordinate null ist. Es gilt also P(x | 0).

oder

Lösung durch Einzeichnen der Punkte in ein Koordinatensystem:

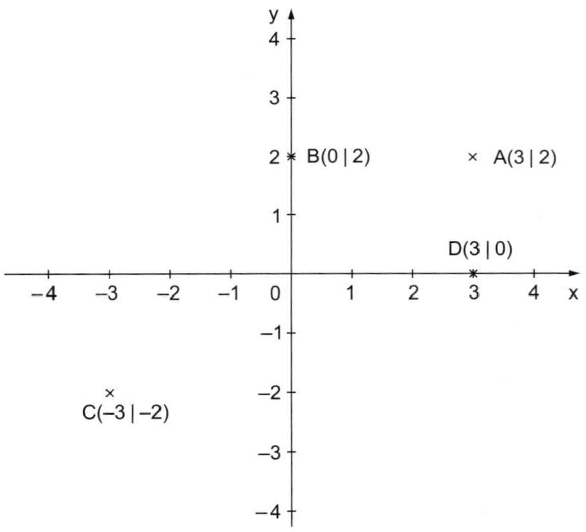

Es gilt:

☐ A(3 | 2) ☐ B(0 | 2) ☐ C(–3 | –2) ☒ D(3 | 0)

c) Der Tangens eines Winkels wird im rechtwinkligen Dreieck durch das Seitenverhältnis von Gegenkathete und Ankathete bestimmt:

$\tan\alpha = \frac{\text{Gegenkathete}}{\text{Ankathete}}$

Vom Winkel α aus betrachtet ist die Seite r die Gegenkathete und die Seite s die Ankathete.

Damit gilt für das abgebildete Dreieck:

$\mathbf{\tan\alpha = \frac{r}{s}}$

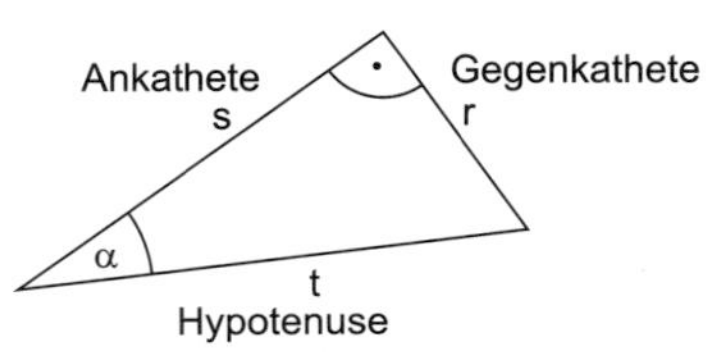

d) Für die Flächenberechnung eines Quadrates mit der Seitenlänge a gilt:
$A = a^2$
Gegeben: $A = 36\ \text{cm}^2$
Gesucht: a

$36 = a^2 \quad |\sqrt{\ }$
$a = 6$

Die Seitenlänge beträgt **6 cm**.

e) Lösen der vorgegebenen linearen Gleichung:

$2(x-4) = 6 \quad |$ Klammern auflösen
$2x - 8 = 6 \quad |+8$
$2x = 14 \quad |:2$
$x = \mathbf{7}$

oder

$2(x-4) = 6 \quad |:2$
$x - 4 = 3 \quad |+4$
$x = \mathbf{7}$

f) Lösung mithilfe des Zahlenstrahls:

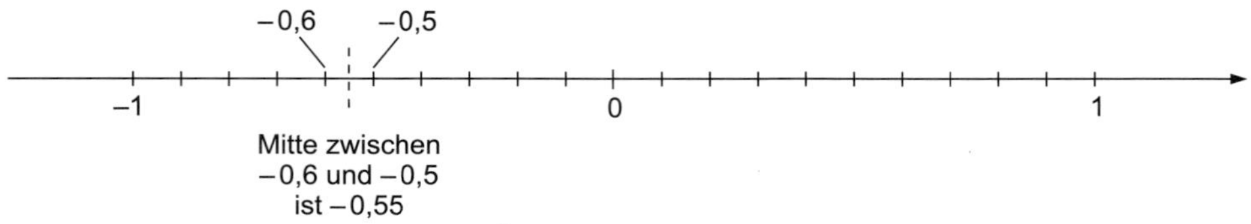

oder

Lösung mithilfe des Mittelwertes m:

$$\text{Mittelwert } m = \frac{\text{Summe der Zahlen}}{\text{Anzahl der Zahlen}}$$

$$m = \frac{-0{,}6 + (-0{,}5)}{2} = \frac{-1{,}1}{2} = -0{,}55$$

Die gesuchte Zahl ist **–0,55**.

g) Wenn zwei parallele Geraden von einer dritten Geraden geschnitten werden, entstehen gleich große Stufenwinkel (α). Der Winkel α und sein Gegenwinkel (auch Scheitelwinkel genannt) von 74° sind ebenfalls gleich groß.
$\alpha = \mathbf{74°}$

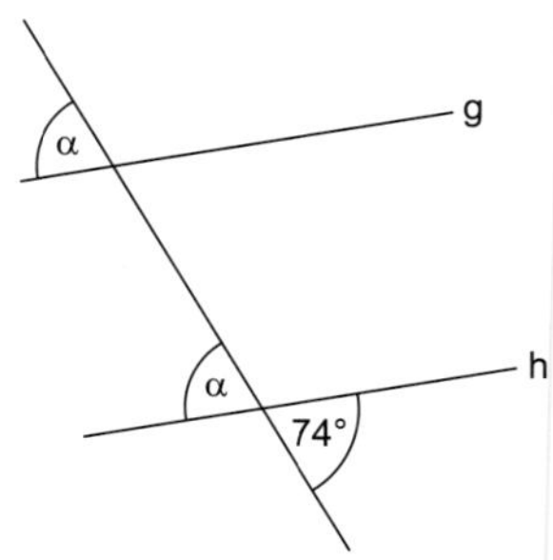

h) Es handelt sich hier um eine Potenz mit der Basis 2 und dem unbekannten Exponenten x. Eine Potenz ist die verkürzte Schreibweise einer Multiplikation. Man muss herausfinden, wie oft die Basis 2 mit sich selbst multipliziert wird, bis das Ergebnis 16 ist.
2-mal: $2 \cdot 2 = 2^2 = 4 \neq 16$
3-mal: $2 \cdot 2 \cdot 2 = 2^3 = 8 \neq 16$
4-mal: $2 \cdot 2 \cdot 2 \cdot 2 = 2^4 = 16$
$x = \mathbf{4}$

i) Damit ein Dreieck entstehen kann, muss jeweils die Summe der Längen zweier Seiten größer sein als die Länge der dritten Seite. Veranschaulicht:

$b+c>a$

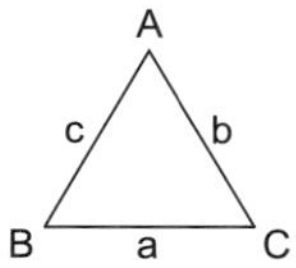

b und c berühren sich in einem Punkt A.

$b+c=a$

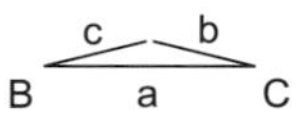

b und c können sich nur berühren, wenn sie auf a liegen.

$b+c<a$

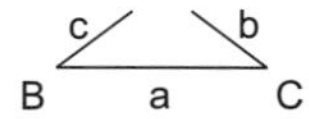

b und c können sich nicht berühren.

Es gilt:

☒ $b+c>10\text{ cm}$

☐ $b+c=10\text{ cm}$

☐ $b+c<10\text{ cm}$

j) Lösen der vorgegebenen Gleichung:

$$\sin 30° = \frac{7}{x} \qquad |\cdot x$$

$$x \cdot \sin 30° = 7 \qquad |:\sin 30°$$

$$x = \frac{7}{\sin 30°}$$

$$x = \frac{7}{0{,}5}$$

$$x = \mathbf{14}$$

Aufgabe 2

Vorüberlegungen zum Balkendiagramm:

- Die Besucherzahlen an den einzelnen Wochentagen sind durch die Längen der Balken dargestellt und werden an der x-Achse abgelesen.
- Auf der x-Achse liegen zwischen 0 und 50, 50 und 100 usw. jeweils 5 Teileinheiten. Somit ist der Wert an jeder senkrechten Gitterlinie immer um $50:5=10$ höher als der Wert an der senkrechten Gitterlinie links daneben.

a) Am Donnerstag betrug die Besucheranzahl 180. Deshalb hat der Balken eine Länge von 18 Einheiten bzw. ist so lang wie die Strecke auf der x-Achse von 0 bis 180. Die Höhe des Balkens entspricht der Höhe der sechs anderen Balken.

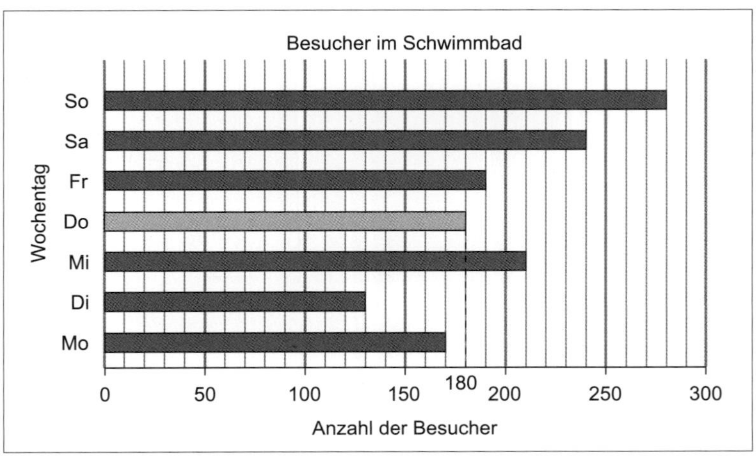

b) Lösung mithilfe des Diagramms:
Die Besucherzahl 190 wird durch eine Senkrechte zur x-Achse markiert. Alle Balken, die rechts über die Senkrechte hinausgehen, stehen für Besucherzahlen über 190.

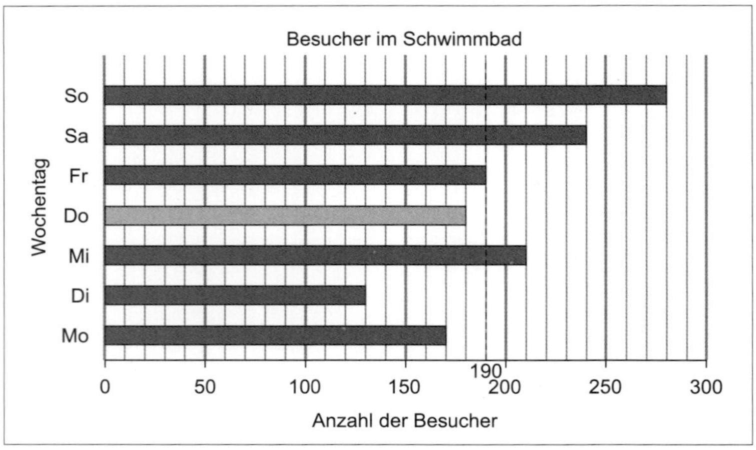

Am **Sonntag**, **Samstag** und **Mittwoch** waren mehr als 190 Besucher im Schwimmbad.

oder

Lösung mithilfe der absoluten Zahlen:
Aus dem Diagramm werden die einzelnen Besucherzahlen abgelesen und die Wochentage mit Besucherzahlen > 190 herausgesucht.

Wochentag	Sonntag	Samstag	Freitag	Donnerstag	Mittwoch	Dienstag	Montag
Besucher	**280**	**240**	190	180	**210**	130	170

Am **Sonntag**, **Samstag** und **Mittwoch** waren mehr als 190 Besucher im Schwimmbad.

c) Für die Berechnung des Durchschnittswertes werden die Besucherzahlen der einzelnen Wochentage benötigt (siehe Aufgabe b):

Wochentag	Sonntag	Samstag	Freitag	Donnerstag	Mittwoch	Dienstag	Montag
Besucher	280	240	190	180	210	130	170

Der Durchschnittswert d (= arithmetisches Mittel) einer Zahlenmenge ist die Summe aller Werte geteilt durch die Anzahl aller Werte.

$$d = \frac{x_1 + x_2 + \ldots + x_n}{n}$$

Berechnung mithilfe der Formel:

$$d = \frac{280 + 240 + 190 + 180 + 210 + 130 + 170}{7}$$

$$d = \frac{1\,400}{7}$$

$$d = 200$$

In der ersten Ferienwoche kamen durchschnittlich **200 Besucher** pro Tag ins Schwimmbad.

d)

Aussage	Hinweis	Nachweis
Die Spannweite der Besucherzahlen in der ersten Ferienwoche beträgt 150 Besucher.	Die Spannweite w ist die Differenz zwischen dem höchsten Datenwert (Maximum) und dem niedrigsten Datenwert (Minimum): $w = x_{max} - x_{min}$	Höchster Wert: 280 Besucher Niedrigster Wert: 130 Besucher $w = 280 - 130 = 150$
Am Sonntag kamen ein Drittel mehr Besucher als am Mittwoch.	Besucher am Sonntag (So): 280 Besucher am Mittwoch (Mi): 210 Ein Drittel von 210: $210 : 3 = 70$	Besucher Mi + ein Drittel der Besucher Mi = Besucher So $210 + 70 = 280$ **oder** Besucher So – Besucher Mi = ein Drittel der Besucher Mi $280 - 210 \stackrel{?}{=} 210 : 3$ $70 = 70$ **oder** Besucher Mi erhöht um ein Drittel = Besucher So $210 \cdot \frac{4}{3} \stackrel{?}{=} 280$ $280 = 280$

e) Tatsächliche Besucherzahl: 520
x: Anzahl der fehlenden Besucher für die gewünschten Einnahmen
Gewünschte Besucherzahl: $520 + x$
Preis für eine Karte: 12 €
Einnahmen bei $(520 + x)$ Besuchern: $(520 + x) \cdot 12$ € Gewünschte Einnahmen: 7 920 €
Gleichung: $\mathbf{(520 + x) \cdot 12 = 7\,920}$

Lösung mithilfe der Gleichung:

$$\begin{aligned} (520 + x) \cdot 12 &= 7\,920 && \mid \text{Klammern auflösen} \\ 6\,240 + 12x &= 7\,920 && \mid -6\,240 \\ 12x &= 1\,680 && \mid :12 \\ x &= 140 \end{aligned}$$

oder

Lösung über den Differenzbetrag:
Tatsächliche Einnahmen = Anzahl der Besucher · Preis für eine Karte
$520 \cdot 12$ € = 6 240 €
Gewünschte Einnahmen: 7 920 €

Differenz zwischen tatsächlichen und gewünschten Einnahmen:
7 920 € – 6 240 € = 1 680 €

Anzahl der Besucher, die bei 12 € Eintritt 1 680 € erbracht hätten:
$1\,680 : 12 = 140$

Es fehlten **140 Besucher**, um 7 920 € Einnahmen zu erzielen.

Aufgabe 3

a) Lösung durch Ablesen aus der Zeichnung:
Der Scheitelpunkt S einer nach oben geöffneten Parabel ist der tiefste Punkt der Parabel. Die Koordinaten des Scheitelpunkts S werden der Zeichnung entnommen: **S(–2 | –4)**

oder

Lösung mithilfe der Funktionsgleichung:
Die Scheitelpunktform einer Normalparabel lautet $y=(x+d)^2+e$ für den Scheitelpunkt $S(-d\,|\,e)$.
Da die Funktionsgleichung $y=(x+2)^2-4$ der Scheitelpunktform entspricht, gilt $d=2$ und $e=-4$ und somit für den Scheitelpunkt **S(–2 | –4)**.

b) Zeichnerische Lösung:
Durch Einzeichnen der Punkte in das vorhandene Koordinatensystem wird überprüft, welcher Punkt nicht auf dem Graphen liegt.

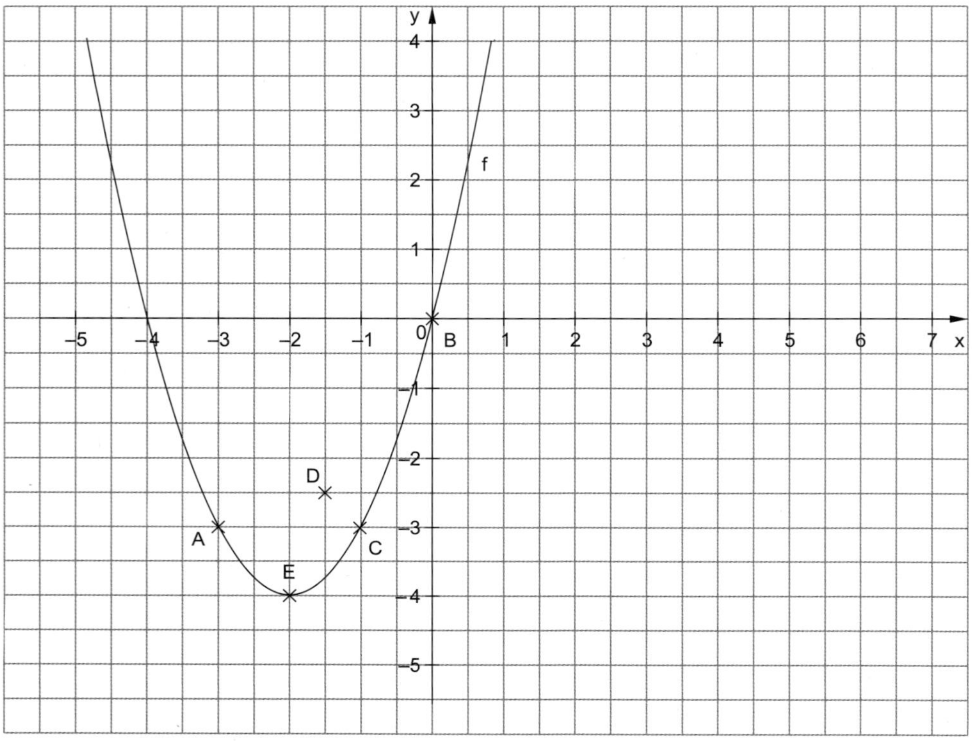

Der Punkt D liegt nicht auf dem Graphen von f.

oder

Rechnerische Lösung:
Durch Einsetzen der Koordinaten der jeweiligen Punkte in die Funktionsgleichung $y=(x+2)^2-4$ wird überprüft, ob sich eine wahre oder falsche Aussage ergibt:

Für A(−3 | −3):
$-3 \stackrel{?}{=} (-3+2)^2-4$
$-3 \stackrel{?}{=} 1-4$
$-3=-3$ (wahr) $\Rightarrow$ A liegt auf f.

Für B(0 | 0):
$0 \stackrel{?}{=} (0+2)^2-4$
$0 \stackrel{?}{=} 4-4$
$0=0$ (wahr) $\Rightarrow$ B liegt auf f.

Für C(−1 | −3):
$-3 \stackrel{?}{=} (-1+2)^2-4$
$-3 \stackrel{?}{=} 1-4$
$-3=-3$ (wahr) $\Rightarrow$ C liegt auf f.

Für D(−1,5 | −2,5):
$-2{,}5 \stackrel{?}{=} (-1{,}5+2)^2-4$
$-2{,}5 \stackrel{?}{=} 0{,}25-4$
$-2{,}5 \neq -3{,}75$ (falsch) $\Rightarrow$ D liegt nicht auf f.

Für E(−2 | −4):

$-4 \overset{?}{=} (-2+2)^2 - 4$

$-4 \overset{?}{=} 0 - 4$

$-4 = -4$ (wahr) $\Rightarrow$ E liegt auf f.

Der Punkt D liegt nicht auf dem Graphen von f.

Somit gilt:

☐ A(−3 | −3) ☐ B(0 | 0) ☐ C(−1 | −3) ☒ D(−1,5 | −2,5) ☐ E(−2 | −4)

c) Eine zeichnerische Lösung durch Ablesen mithilfe des vorhandenen Graphen ist nicht möglich, da der Punkt A(2 | y) außerhalb der Zeichnung liegt.

Rechnerische Lösung:
Zur Bestimmung der y-Koordinate wird die x-Koordinate $x = 2$ in die Funktionsgleichung $y = (x+2)^2 - 4$ eingesetzt:

$y = (2+2)^2 - 4$

$y = 4^2 - 4$

$y = \mathbf{12}$ $\qquad \Rightarrow$ A(2 | 12)

d) *Vorüberlegungen zur Spiegelung an der y-Achse:*

1. Der gespiegelte Graph p hat dieselbe Form wie der Originalgraph f, ist also wieder eine verschobene Normalparabel.
2. Jeder gespiegelte Punkt P' liegt auf der anderen Seite der y-Achse und hat denselben Abstand von der y-Achse wie der Originalpunkt P.
3. Beim Spiegeln an der y-Achse ändert sich bei jedem Spiegelpunkt nur das Vorzeichen der x-Koordinate:
   $P(x \mid y) \xrightarrow{\text{gespiegelt}} P'(-x \mid y)$

- Tipps zum Spiegeln des Graphen f:
  - Da der gespiegelte Graph p nur skizziert werden soll, reicht es aus, nur einige Punkte des Graphen f zu spiegeln, die anschließend zum Graph p verbunden werden können.
  - Die Schnittpunkte mit den Achsen (N_1, N_2) und der Scheitelpunkt S als besondere Punkte sollten gespiegelt werden, damit das Skizzieren des gespiegelten Graphen p einfacher wird.
  - Beim Spiegeln liegt die Mittellinie des Geodreiecks auf der Spiegelachse, also auf der y-Achse, der Abstand von P zur y-Achse und von P' zur y-Achse ist gleich.

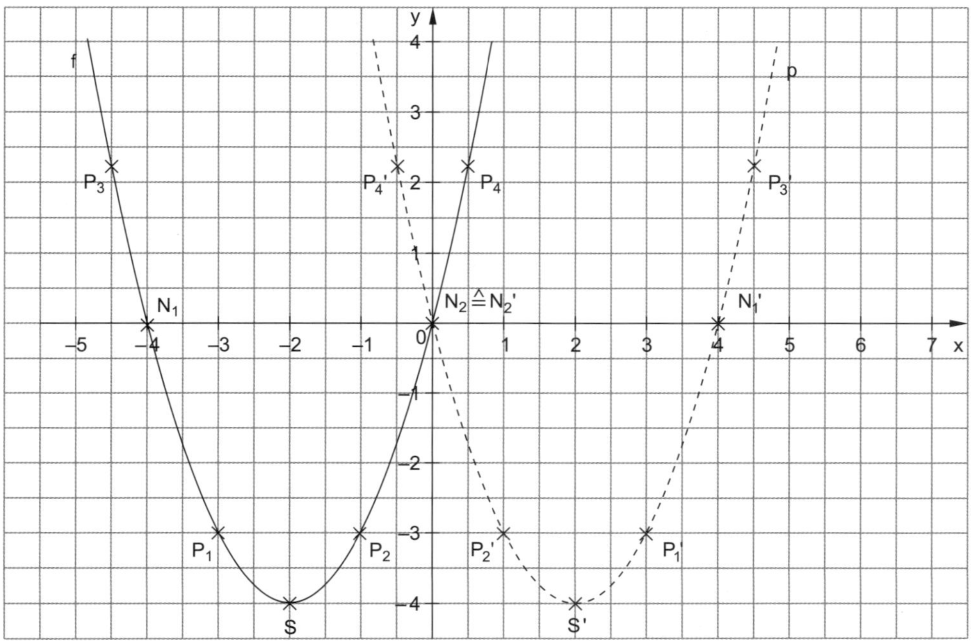

Hinweis: Es können auch andere Punkte als P_1, P_2, P_3 und P_4 zum Spiegeln ausgewählt werden.

- Lösung als Scheitelpunktform:
  Die Scheitelpunktform der verschobenen Normalparabel mit dem Scheitelpunkt $S(-d \mid e)$ lautet $y=(x+d)^2+e$. Zur Bestimmung der Scheitelpunktform werden die Koordinaten des gespiegelten Scheitelpunktes $S'(2 \mid -4)$ eingesetzt.
  Für $S'(2 \mid -4)$ gilt $d=-2$ und $e=-4$.
  Scheitelpunktform für p: $\mathbf{y=(x-2)^2-4}$ *

  oder

  Lösung über den Vorzeichenwechsel der x-Koordinaten:
  Beim Spiegeln an der y-Achse ändern sich die Vorzeichen der x-Koordinaten aller Punkte des Originalgraphen:
  $x \xrightarrow{\text{gespiegelt}} -x$
  Deshalb gilt: Originalgraph f: $y=(x+2)^2-4 \xrightarrow{\text{gespiegelt}}$ Spiegelgraph p: $\mathbf{y=(-x+2)^2-4}$ *

  oder

  Lösung über ein lineares Gleichungssystem:
  Allgemeine Form einer verschobenen Normalparabel p: $y=x^2+ax+b$
  Alle Punkte, die auf der Parabel liegen, erfüllen diese Gleichung. Auf dem Graphen p liegen zum Beispiel die Punkte $N_2'(0|0)$, $N_1'(4|0)$, $S'(2|-4)$…

  Einsetzen der Koordinaten von N_2' in $y=x^2+ax+b$:
  I $\quad 0=0^2+a\cdot 0+b$
  $\quad b=0$

  Einsetzen der Koordinaten von N_1' in $y=x^2+ax+b$:
  II $\quad 0=4^2+4a+b \quad |$ einsetzen $b=0$
  $\quad 0=16+4a+0 \quad |-16$
  $\quad -16=4a \quad |:4$
  $\quad a=-4$

  $a=-4$ und $b=0$ werden eingesetzt in $y=x^2+ax+b$:
  $\Rightarrow$ Funktionsgleichung für p: $\mathbf{y=x^2-4x}$ *

  * *Hinweis:* Alle Ergebnisse sind gleichwertig, denn:
  $(x-2)^2-4=(-x+2)^2-4=x^2-4x$
  $\downarrow \qquad \downarrow$
  $x^2-4x+4-4 \qquad x^2-4x+4-4$
  $\downarrow \qquad \downarrow$
  $x^2-4x \qquad x^2-4x$

e) Nullstellen sind die x-Koordinaten der Schnittpunkte der Parabel mit der x-Achse. Da für jeden Schnittpunkt mit der x-Achse die y-Koordinate 0 wird, setzt man $y=0$:
$y=2x^2+8x+6 \Rightarrow 0=2x^2+8x+6$
Um mit der pq-Formel rechnen zu können, muss diese Gleichung zunächst in die Normalform umgeformt werden:
$2x^2+8x+6=0 \quad |:2$
$x^2+4x+3=0$ (Normalform: $p=4, q=3$)

$$x_{1/2}=-\frac{p}{2}\pm\sqrt{\left(\frac{p}{2}\right)^2-q}$$
$$x_{1/2}=-\frac{4}{2}\pm\sqrt{\left(\frac{4}{2}\right)^2-3}$$
$$x_{1/2}=-\frac{4}{2}\pm\sqrt{1}$$
$$x_1=-2+\sqrt{1}=-1$$
$$x_2=-2-\sqrt{1}=-3$$

Die Nullstellen dieser Funktion sind $\mathbf{x_1=-1}$ und $\mathbf{x_2=-3}$.

Aufgabe 4

a) *Wichtige Angaben im Text:*
- Der Wasserverbrauch 2019 beträgt **54 Tausend Liter pro Person**.
- Der Wasserverbrauch pro Person **steigt jährlich um 3 %**.

Ergänzen der fehlenden Werte in der Tabelle:
Der erste fehlende Wert für das Jahr 2019 wird direkt aus dem Text übernommen.
Der zweite fehlende Wert für das Jahr 2022 ist gegenüber dem Wert des Jahres 2021 um 3 % gestiegen und beträgt 103 % von 57,3 Tausend Liter.

Berechnung des Wertes für 2022 mithilfe der Prozentrechnung:

Lösung mit dem Dreisatz:

$$:100 \quad 100\,\% \mathrel{\hat{=}} 57{,}3\,\text{Tsd.}\,\ell \quad :100$$

$$\cdot 103 \quad 1\,\% \mathrel{\hat{=}} \frac{57{,}3}{100}\,\text{Tsd.}\,\ell \quad \cdot 103$$

$$103\,\% \mathrel{\hat{=}} \frac{57{,}3\cdot 103}{100}\,\text{Tsd.}\,\ell$$

$$\approx 59{,}02\,\text{Tsd.}\,\ell$$

oder

Lösung über proportionale Zuordnung:

$$\frac{57{,}3}{100} = \frac{x}{103} \quad |\cdot 103$$

$$x = \frac{57{,}3\cdot 103}{100}$$

$$x \approx 59{,}02$$

Jahr	2019	2020	2021	2022
Jährlicher Wasserverbrauch pro Person in Tausend Litern	**54,0 ***	55,6	57,3	**59,0 ***

* *Hinweis:* Wie bei den anderen Werten in der Tabelle wird auf die erste Dezimalstelle gerundet.

b) *Vorüberlegungen zum Diagramm:*
- Das Diagramm zeigt die voraussichtliche Entwicklung des jährlichen Wasserverbrauchs pro Person ab dem Jahr 2019.
- Auf der y-Achse wird der Wasserverbrauch pro Person dargestellt, die Maßeinheit ist 1 000 Liter, die y-Achse ist mit einer Schrittweite von 5 eingeteilt, d. h., ein „Kästchen" steht für 5 000 Liter.
- Auf der x-Achse wird die Zeit ab 2019 dargestellt, die Einheit ist Jahre, die x-Achse ist mit einer Schrittweite von 2 eingeteilt, d. h., ein „Kästchen" steht für 2 Jahre und $x = 0$ entspricht dem Jahr 2019.
- Der Graph zeigt exponentielles Wachstum, der Anfangswert ist 54 Tausend Liter im Jahr 2019.

Verdopplung des Wasserverbrauchs pro Person:

Lösung durch Ablesen aus der Grafik:
Ab 2019 dauert es **ca. 23 Jahre**, bis sich der Wasserverbrauch verdoppelt.

Beschreibung des Vorgehens zur Findung der Lösung:
1. Das Ausgangsjahr sei 2019.
2. Den Wasserverbrauch 2019 durch Ablesen auf der y-Achse bzw. durch die Angabe im Text ermitteln: 54 Tausend Liter
3. Den Wert 54 verdoppeln: $54 \cdot 2 = 108$
4. Die x-Koordinate zu $y = 108$ in der Grafik ablesen:
   - Den Wert 108 auf der y-Achse markieren.
   - Von dieser Stelle aus eine Parallele zur x-Achse bis zum Graphen zeichnen.
   - Den Schnittpunkt mit dem Graphen markieren.
   - Von dieser Stelle aus eine Parallele zur y-Achse bis zur x-Achse zeichnen.
   - An der Schnittstelle auf der x-Achse den Wert ablesen: ca. 23,4
5. Den Wert 23,4 runden und die Lösung formulieren:
   Ab 2019 dauert es **ca. 23 Jahre**, bis sich der Wasserverbrauch verdoppelt.

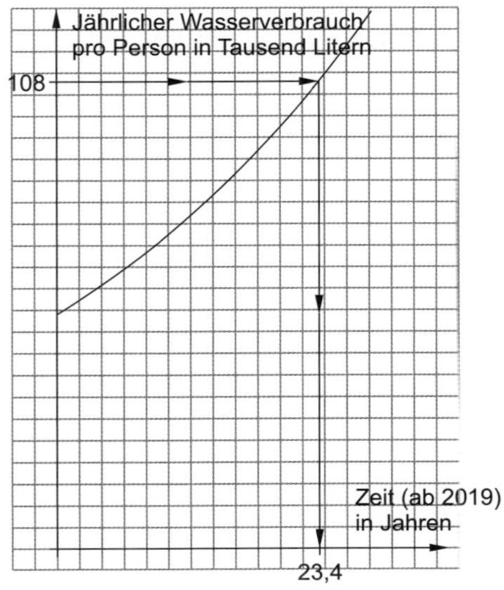

Hinweis:
Alle Werte zwischen 22 und 24 Jahren werden als Lösung akzeptiert.

c) Für beide Studien wird der Wasserbrauch (in Tausend Litern) im Jahr 2033 berechnet, dann werden die Werte verglichen.

Studie 1:
Vorhersage: Der Wasserverbrauch wird mithilfe folgender Gleichung bestimmt:
$y = 54 \cdot 1{,}03^x$ (x: Zeit in Jahren, y: Wasserverbrauch pro Person in Tausend Litern)

Berechnung der Anzahl der Jahre von 2019 bis 2033:
$2033 - 2019 = 14 \Rightarrow x = 14$

$x = 14$ einsetzen in die Gleichung:
$y = 54 \cdot 1{,}03^{14} \approx 81{,}7$

Ergebnis für Studie 1: Im Jahr 2033 beträgt der Wasserverbrauch etwa **81,7 Tausend Liter**.

Studie 2:
Vorhersage: Der Wasserverbrauch steigt von 2019 bis 2033 um 40 %.
Gegeben: Wasserverbrauch 2019: 54 Tausend Liter

Berechnung des Anstiegs des Wasserverbrauchs von 2019 bis 2033 mithilfe der Prozentrechnung:

Lösung mit dem Dreisatz:

$$:100 \quad 100\,\% \mathrel{\hat{=}} 54 \text{ Tsd. } \ell \quad :100$$
$$\cdot 40 \quad 1\,\% \mathrel{\hat{=}} \frac{54}{100} \text{ Tsd. } \ell \quad \cdot 40$$
$$40\,\% \mathrel{\hat{=}} \frac{54 \cdot 40}{100} \text{ Tsd. } \ell = 21{,}6 \text{ Tsd. } \ell$$

oder

Lösung über proportionale Zuordnung:

$$\frac{54}{100} = \frac{x}{40} \quad | \cdot 40$$
$$x = \frac{54 \cdot 40}{100}$$
$$x = 21{,}6$$

$\Rightarrow$ Damit steigt der Wasserverbrauch bis 2033 auf $54 + 21{,}6 = 75{,}6$ Tausend Liter.

Ergebnis für Studie 2: Im Jahr 2033 beträgt der Wasserverbrauch **75,6 Tausend Liter**.

Vergleich der beiden Studien:
$81{,}7 > 75{,}6 \Rightarrow$ Die beiden Studien sagen verschiedene Werte für den Wasserverbrauch pro Person im Jahr 2033 voraus.

Aufgabe 5

Vorüberlegungen:
Es handelt sich um ein „liegendes" Prisma mit trapezförmiger Grund- und Deckfläche. Die Körperhöhe zwischen Grund- und Deckfläche beträgt 12 cm. Die Seitenflächen bestehen aus vier unterschiedlichen Rechtecken.

a) In dem unvollständigen Netz der Schachtel fehlen zwei Flächen:
- die trapezförmige Wand in der Vorderansicht, die kongruent zur Rückwand ist
- die rechteckige rechte Seitenwand mit den Maßen 12 cm × 15 cm

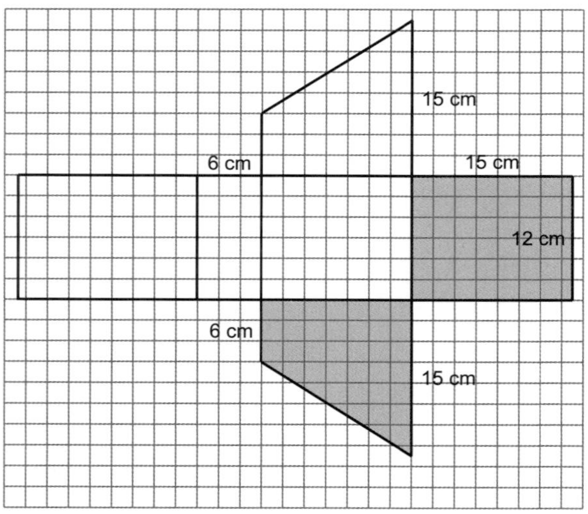

oder

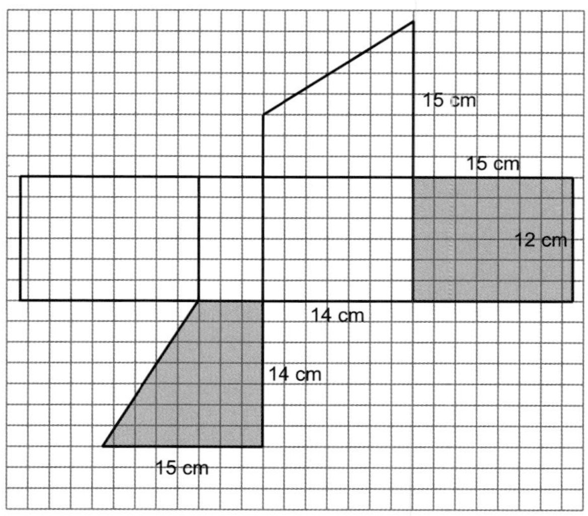

Anmerkungen: 1 „Kästchen" ≙ 2 cm; Es gibt noch weitere Lösungsmöglichkeiten.

b) Betrachtet wird das rechtwinklige Dreieck mit den Seitenlängen 14 cm und 9 cm.

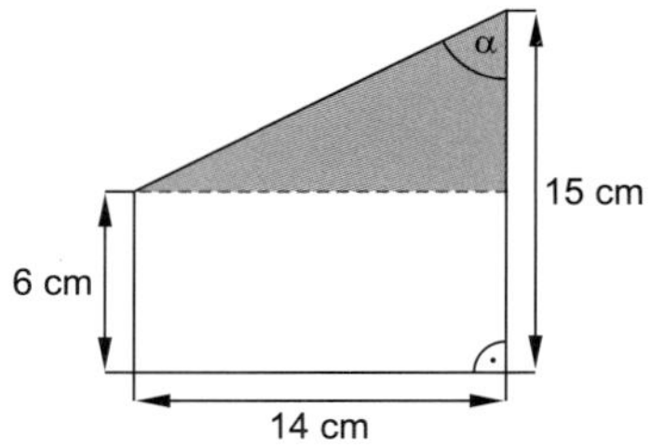

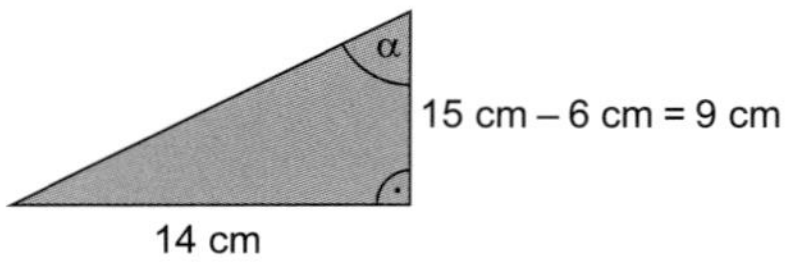

Vom Winkel α aus gesehen ist die Seite mit der Länge 14 cm die Gegenkathete und die Seite mit der Länge 9 cm die Ankathete.
Im rechtwinkligen Dreieck gilt:

$$\tan\alpha = \frac{\text{Gegenkathete}}{\text{Ankathete}}$$

$$\tan\alpha = \frac{14}{9}$$

$$\tan\alpha = 1{,}555\ldots$$

$$\alpha \approx \mathbf{57{,}26°}$$

c) Es geht nicht um die Berechnung, wie oft das Volumen einer Schachtel in das Volumen der Kiste hineinpasst, sondern hier ist das räumliche Vorstellungsvermögen gefragt. Herauszufinden ist, wie viele Schachteln (Trapezsäulen mit vorgegebenen Maßen) maximal in die Kiste (Quader mit vorgegebenen Maßen) passen:

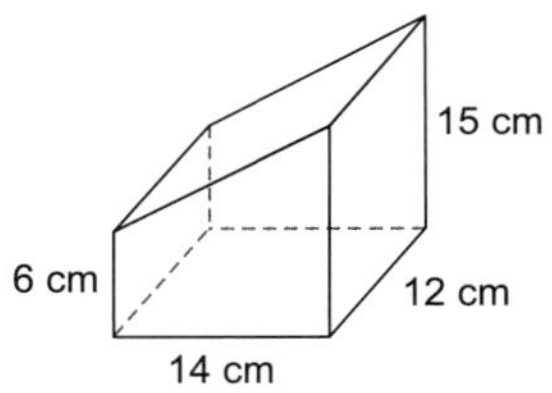

Schrägbild der Schachtel

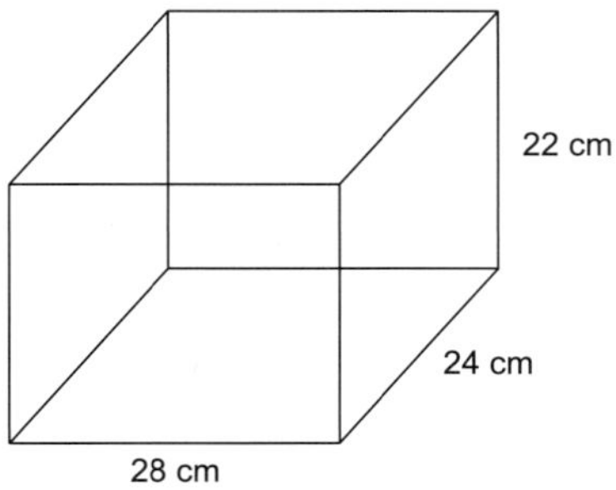

Schrägbild der Kiste

Beschreibung des Lösungsweges:
Die Kiste ist mit 28 cm doppelt so lang wie eine Schachtel, also passen in der Länge 2 Schachteln nebeneinander.
Die Kiste ist mit 24 cm doppelt so breit wie eine Schachtel, also passen in der Breite 2 Schachteln hintereinander.
Die Kiste ist 22 cm hoch. Werden die Schachteln umgedreht gestapelt, passen in der Höhe 2 Schachteln mit der Gesamthöhe 6 cm + 15 cm = 21 cm übereinander.
Es ergeben sich zwei Schichten mit je 4 Schachteln.

Insgesamt passen also **8 Schachteln** in die Kiste. **oder** Insgesamt passen also $2 \cdot 2 \cdot 2 = $ **8 Schachteln** in die Kiste.

Skizzen:

Schachteln in der Kiste, von vorne betrachtet:

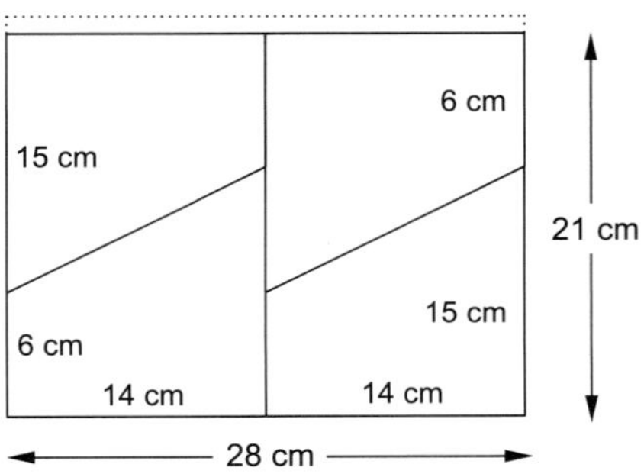

Schachteln in der Kiste, von oben betrachtet:

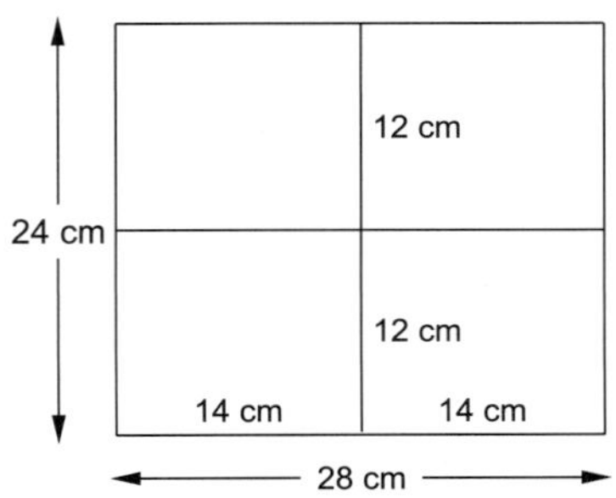

Aufgabe 6

Der Würfel wird zweimal nacheinander geworfen. Es handelt sich also um einen zweistufigen Zufallsversuch „mit Zurücklegen“. Zum besseren Verständnis sind im folgenden Diagramm alle 36 Augenpaare dargestellt:

1. Wurf / 2. Wurf	**1**	**2**	**3**	**4**	**5**	**6**
1	(1, 1)	(2, 1)	(3, 1)	(4, 1)	(5, 1)	(6, 1)
2	(1, 2)	(2, 2)	(3, 2)	(4, 2)	(5, 2)	(6, 2)
3	(1, 3)	(2, 3)	(3, 3)	(4, 3)	(5, 3)	(6, 3)
4	(1, 4)	(2, 4)	(3, 4)	(4, 4)	(5, 4)	(6, 4)
5	(1, 5)	(2, 5)	(3, 5)	(4, 5)	(5, 5)	(6, 5)
6	(1, 6)	(2, 6)	(3, 6)	(4, 6)	(5, 6)	(6, 6)

a) Ereignis E: „Augenzahl 2 im zweiten Wurf“
günstige Ergebnisse: **(1, 2)**; **(2, 2)**; **(3, 2)**; **(4, 2)**; **(5, 2)**; **(6, 2)**

Anzahl der für E günstigen Ergebnisse: 6
Anzahl aller möglichen Ergebnisse: 36

Berechnung der Wahrscheinlichkeit für das Ereignis E:

$$P(E) = \frac{\text{Anzahl der für E günstigen Ergebnisse}}{\text{Anzahl aller möglichen Ergebnisse}}$$

$$P(E) = \frac{6}{36}$$

$$P(E) = \frac{1}{6} \approx 0{,}1667 = 16{,}67\ \%$$

Die Wahrscheinlichkeit dafür, dass der zweite Wurf eine 2 zeigt, beträgt ca. **16,67 %**.

b) Zunächst werden die Einzelwahrscheinlichkeiten für die Behauptung von Max berechnet und danach miteinander verglichen.

Ereignis E_1: „zwei gleiche Augenzahlen“
günstige Ergebnisse: (1, 1); (2, 2); (3, 3); (4, 4); (5, 5); (6, 6)
Anzahl der für E_1 günstigen Ergebnisse: 6
Anzahl aller möglichen Ergebnisse: 36

Berechnung der Wahrscheinlichkeit für das Ereignis E_1:

$$P(E_1) = \frac{\text{Anzahl der für } E_1 \text{ günstigen Ergebnisse}}{\text{Anzahl aller möglichen Ergebnisse}}$$

$$P(E_1) = \frac{6}{36}$$

$$P(E_1) = \frac{1}{6} \approx 0{,}1667 = 16{,}67\ \%$$

Ereignis E_2: „Augenzahl 6 im ersten Wurf“
günstige Ergebnisse: (6, 1); (6, 2); (6, 3); (6, 4); (6, 5); (6, 6)

Anzahl der für E_2 günstigen Ergebnisse: 6
Anzahl aller möglichen Ergebnisse: 36

Berechnung der Wahrscheinlichkeit für das Ereignis E_2:

$$P(E_2) = \frac{\text{Anzahl der für } E_2 \text{ günstigen Ergebnisse}}{\text{Anzahl aller möglichen Ergebnisse}}$$

$$P(E_2) = \frac{6}{36}$$

$$P(E_2) = \frac{1}{6} \approx 0{,}1667 = 16{,}67\ \%$$

Die Wahrscheinlichkeit, zwei gleiche Augenzahlen zu würfeln, ist genauso groß wie die Wahrscheinlichkeit, zuerst eine 6 zu würfeln.

☐ Max hat recht ☒ Max hat nicht recht

c) Der Würfel wird dreimal hintereinander geworfen. Es handelt sich um einen dreistufigen Zufallsversuch „mit Zurücklegen". Für die Einzelwahrscheinlichkeiten gilt:
Augenzahl „6" mit der Wahrscheinlichkeit $\frac{1}{6}$ (eine von sechs Augenzahlen ist günstig) und
Augenzahl „keine 6" mit der Wahrscheinlichkeit $\frac{5}{6}$ (fünf von sechs Augenzahlen sind günstig)
Vervollständigtes Baumdiagramm:

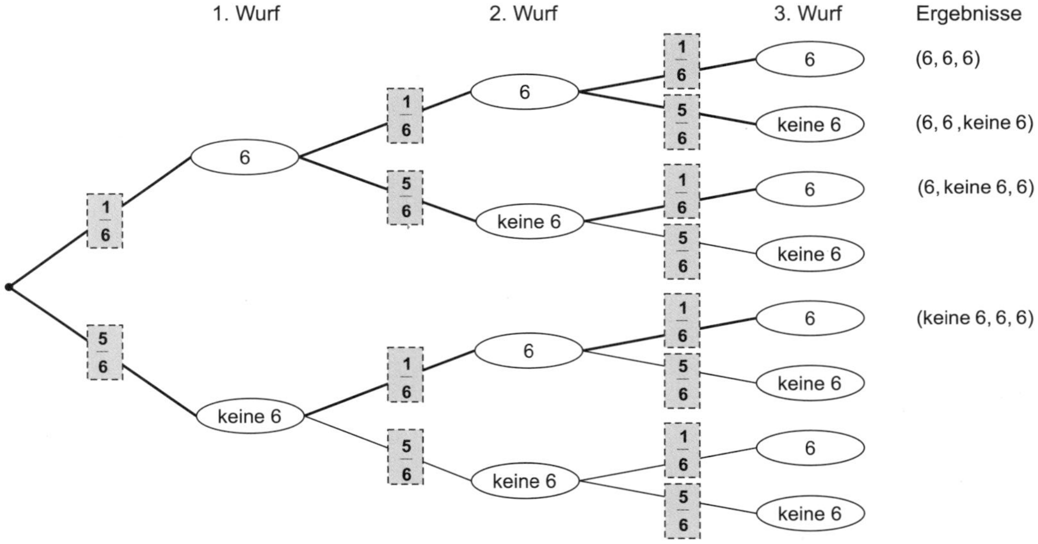

Lösung über das Baumdiagramm:

Das Ereignis „mindestens 2-mal eine 6" bedeutet, dass 2-mal oder 3-mal die 6 erscheinen muss. Die zugehörigen Pfade sind im Baumdiagramm fett markiert.

Berechnung der Wahrscheinlichkeit mithilfe der 1. und 2. Pfadregel:

P(„mindestens 2-mal 6") = P(6, 6, 6) + P(6, 6, keine 6) + P(6, keine 6, 6) + P(keine 6, 6, 6)

$$= \frac{1}{6} \cdot \frac{1}{6} \cdot \frac{1}{6} + \frac{1}{6} \cdot \frac{1}{6} \cdot \frac{5}{6} + \frac{1}{6} \cdot \frac{5}{6} \cdot \frac{1}{6} + \frac{5}{6} \cdot \frac{1}{6} \cdot \frac{1}{6}$$

$$= \frac{1}{216} + \frac{5}{216} + \frac{5}{216} + \frac{5}{216}$$

$$= \frac{16}{216}$$

$$\approx 0{,}074$$

$$= 7{,}4\,\%$$

oder

Lösung über gleiche Wahrscheinlichkeit (Laplace):

Wird ein Würfel 3-mal nacheinander geworfen, so können sich 216 verschiedene Augenkombinationen ergeben, die alle gleich wahrscheinlich sind.

Begründung:

6 Zahlen im 1. Wurf	kombiniert mit	6 Zahlen im 2. Wurf	kombiniert mit	6 Zahlen im 3. Wurf		
6	·	6	·	6		= 216

Ereignis E: „mindestens 2-mal 6“
günstige Ergebnisse: (6, 6, 6)
(6, 6, 1); (6, 6, 2); (6, 6, 3); (6, 6, 4); (6, 6, 5)
(6, 1, 6); (6, 2, 6); (6, 3, 6); (6, 4, 6); (6, 5, 6)
(1, 6, 6); (2, 6, 6); (3, 6, 6); (4, 6, 6); (5, 6, 6)
Anzahl der für E günstigen Ergebnisse: 16
Anzahl aller möglichen Ergebnisse: 216

Berechnung der Wahrscheinlichkeit für das Ereignis E:

$$P(E) = \frac{\text{Anzahl der für E günstigen Ergebnisse}}{\text{Anzahl aller möglichen Ergebnisse}}$$

$$P(E) = \frac{16}{216}$$

$$P(E) \approx 0{,}074 = 7{,}4\ \%$$

Die Wahrscheinlichkeit, dass Max die Kinokarten bezahlt, beträgt **7,4 %**.

Aufgabe 7

a) Berechnung der Länge der Strecke $\overline{AB}$ im rechtwinkligen Dreieck ABC mithilfe des Satzes des Pythagoras:

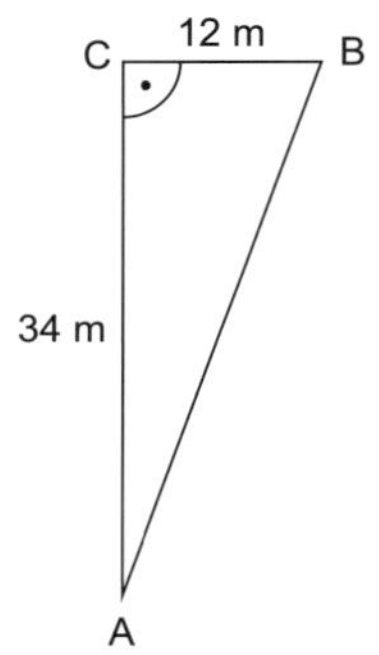

$$\overline{BC}^2 + \overline{CA}^2 = \overline{AB}^2$$

$$12^2 + 34^2 = \overline{AB}^2$$

$$144 + 1156 = \overline{AB}^2$$

$$\overline{AB}^2 = 1300 \quad |\sqrt{\ }$$

$$\overline{AB} = \sqrt{1300} \approx 36{,}06$$

Die Strecke $\overline{AB}$ hat eine Länge von ca. **36,06 m**.

b) Betrachtet wird das Dreieck QBC:

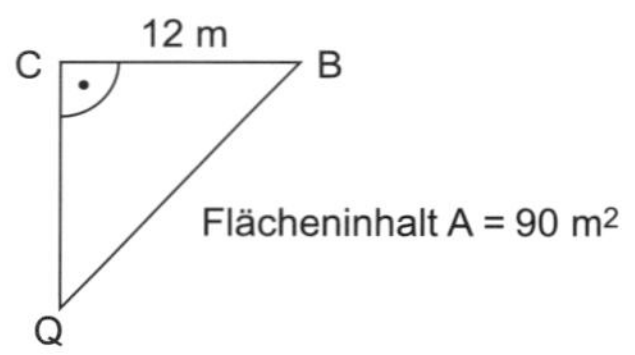

Für die Flächenberechnung im allgemeinen Dreieck gilt die Formel $A = \frac{\text{Grundseite} \cdot \text{Höhe}}{2} = \frac{g \cdot h}{2}$.

Im rechtwinkligen Dreieck bilden die beiden Katheten a und b den rechten Winkel und entsprechen somit der Grundseite mit der zugehörigen Höhe, deshalb gilt im rechtwinkligen Dreieck:

$$A = \frac{a \cdot b}{2}$$

Gegeben: $\overline{BC} = 12\ \text{m}$
$A = 90\ \text{m}^2$

Gesucht: $\overline{CQ}$

Es gilt: $A = \frac{\overline{BC} \cdot \overline{CQ}}{2}$

$$90 = \frac{12 \cdot \overline{CQ}}{2} \quad |\cdot 2$$

$$180 = 12 \cdot \overline{CQ} \quad |:12$$

$$\overline{CQ} = 15$$

Die Strecke $\overline{CQ}$ hat eine Länge von **15 m**.

c) Bei dem Dreieck DEF handelt es sich um ein allgemeines Dreieck mit den in der Skizze angegebenen Maßen:

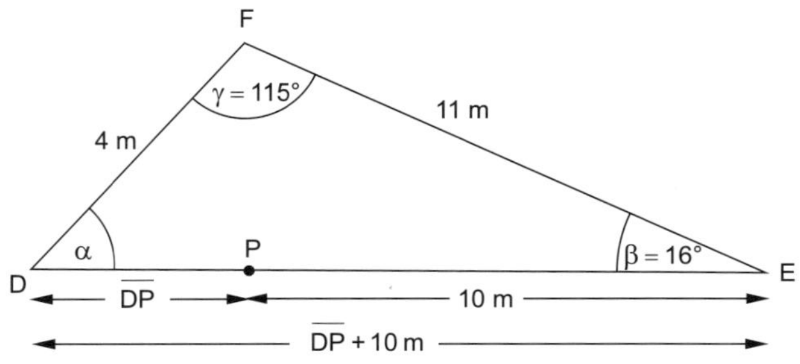

Es gilt der Sinussatz: $\frac{a}{\sin\alpha} = \frac{b}{\sin\beta} = \frac{c}{\sin\gamma}$

Berechnung der Länge der Strecke $\overline{DE}$ im allgemeinen Dreieck DEF mithilfe des Sinussatzes:

$$\frac{\overline{DE}}{\sin\gamma} = \frac{\overline{FD}}{\sin\beta}$$

Gegeben: $\overline{DE} = \overline{DP} + 10\text{ m}$

$\overline{FD} = 4\text{ m}$

$\beta = 16°$

$\gamma = 115°$

Gesucht: $\overline{DP}$

$$\frac{\overline{DP}+10}{\sin 115°} = \frac{4}{\sin 16°} \quad |\cdot \sin 115°$$

$$\overline{DP}+10 = \frac{4\cdot\sin 115°}{\sin 16°}$$

$$\overline{DP}+10 \approx 13{,}15 \quad |-10$$

$$\overline{DP} \approx 3{,}15$$

oder

$$\frac{\overline{DE}}{\sin 115°} = \frac{4}{\sin 16°} \quad |\cdot \sin 115°$$

$$\overline{DE} = \frac{4\cdot\sin 115°}{\sin 16°}$$

$$\overline{DE} \approx 13{,}15$$

$$\overline{DE} = \overline{DP}+10$$

$$13{,}15 \approx \overline{DP}+10 \quad |-10$$

$$\overline{DP} \approx 3{,}15$$

Die Länge der Strecke $\overline{DP}$ beträgt etwa **3,15 m**.

Mittlerer Schulabschluss und erweiterte Berufsbildungsreife 2021

Das Corona-Virus hat auch im vergangenen Schuljahr die Prüfungsabläufe beeinflusst. Um dir die Lösungen zur Prüfung, die 2021 in Brandenburg gestellt wurde, schnellstmöglich zur Verfügung stellen zu können, bringen wir sie in digitaler Form heraus.
Sobald die Original-Prüfungsaufgaben 2021 zur Veröffentlichung freigegeben sind, können die Lösungen als PDF auf der Plattform **MyStark** heruntergeladen werden. Deinen persönlichen Zugangscode findest du vorne im Buch.

Prüfung 2021

www.stark-verlag.de/mystark